老派摩登版

鄉民曆

國民必備偏方指南

莊淳安、陳盈、蔡采媛、林子立 著

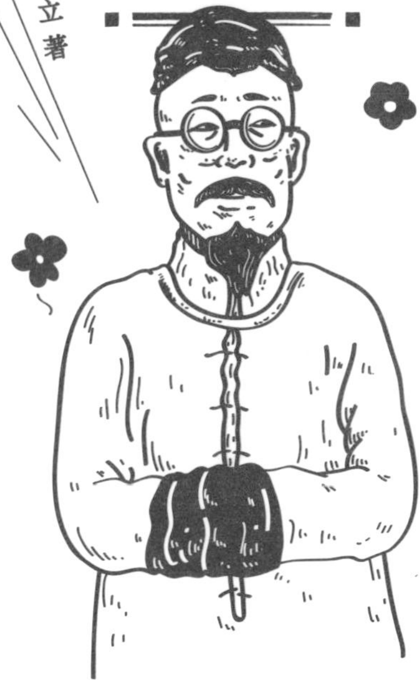

除夕

宜：開燈、吃團圓飯

忌：曬衣

初一

宜：祭祀、祈福

忌：掃地、打破東西、洗澡、睡午覺、早上洗頭

初二

宜：送禮、回娘家

忌：送單數禮、洗衣服

初三

宜：早睡

忌：外出、拜年

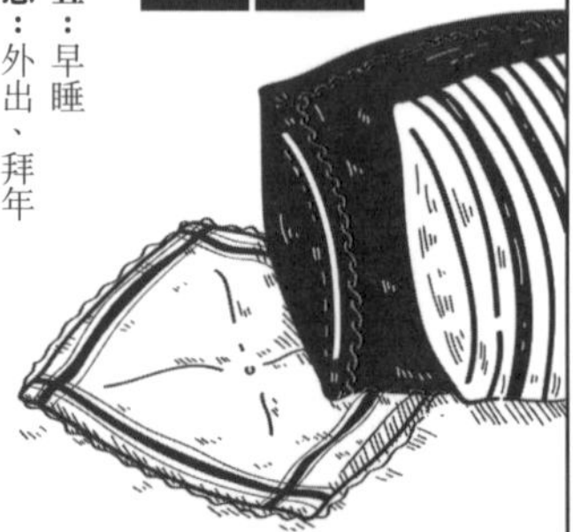

初四

宜：在家、迎神明

忌：早睡、不打掃

初五

宜：拜神、清理垃圾、吃餃子

忌：串門子、動土

重陽

宜：爬山、祭拜祖先

忌：房事、慶祝節日

中秋

宜：團圓、吃月餅

忌：男生拜月、虛弱者賞月

中元

宜：屋外拜拜、準備盥洗用具

忌：太早祭拜、放鞭炮、太晚祭拜

七夕

忌：送鞋、送手錶

宜：拜床母、約會、舉辦成年禮

元宵

宜：吃湯圓、賞燈會

忌：孩子哭泣、說髒話

端午

宜：回娘家、吃五黃

忌：房事、遺失香包

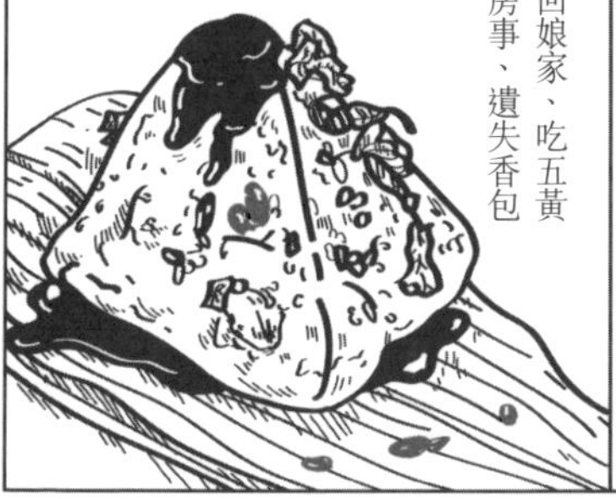

大家齊聲說讚

設計界良師

鄭司維
（國立臺灣科技大學設計系專技副教授）

一本有趣的雜學書

這是我人生中第三次幫學生的書寫推薦序，第一次是幫插畫家馬來貘，第二次是幫《台灣之光》。遠流台灣館的選書一向都有其特殊的風格，感謝遠流出版公司獨具慧眼，繼《台灣之光》後將我指導的學生的畢業製作《鄉民曆》做實體出版發行，在感謝遠流之餘其實有點意外，因為這並不是一本「正經」的書。一開始在指導這四個女學生的題目時，我對這種網路蒐集來的小道偏方抱持懷疑態度，但是她們花了很多的心力，找醫生來諮詢，或親自去實驗，讓你不得不相信。

本人鄭重推薦這本書的理由有四點：

1. 本書冊圖很多字很少，適合有文字閱讀障礙的人重拾閱讀樂趣。
2. 不管是生活篇還是醫療篇的迷信或偏方，都經過科學或醫生證實。

3. 非常精彩的插畫，雖然畫中人物看起來都很醜，但是看久了卻覺得有趣。

4. 本書冊不只榮獲二〇一七年金點新秀設計廠商贊助特別獎，還獲得二〇一八海峽兩岸書籍設計邀請賽的十大最美圖書、入圍二〇一九台北國際書展金蝶獎，品質有保證。

與其說它不正經，不如說它是一本有趣的雜學書。你很容易就能讀懂它，但是懂了是否真的有用，不試試看怎麼知道。哈哈！

媳婦界燈塔 宅女小紅

雜學校校長 蘇仰志

鄉親加油團

林阿姨
（彰化）

林先生
（內湖）

徐小姐
（台北）

鄭小姐
（台南）

潘小姐
（五股）

連小姐
（新莊）

專業醫師群

張倩華

張倩華中醫診所院長

唐豪悅

新光醫院皮膚科醫美中心主任

陳衛華

宏信診所院長

郭祐睿

澄明中醫診所院長

鄭鈞云

鈞賀診所院長

蔡凱喻

李亭鋒耳鼻喉科診所醫師

用本書

本書正文

「生活智慧王」不求人，「健康又美麗」真容易！
神奇解方搭配素材步驟和宜忌，原理分析讓你用得好安心！

步 1.2.3 驟

跟著簡單步驟一二三
拜託爸爸帶你去爬山

大家來找碴

正確解答在哪裡
尋尋覓覓就是你
結果早就在心底

大夫掛保證

鄉親都按讚

迷信糾察隊

迷糊家庭照過來，偏方不再不明不白
迷信糾察隊過來，正確使用不當臭宅

偏方便利貼

剪貼讓你的生活充滿活力
剪貼讓你的人生變得有趣
剪貼讓你使用偏方更便利

趣味廣告版

尋人尋寵又徵才
廣告版面多功能
道歉失物樣樣來
廣告版面統統有

小明笑話集

笑話一籮筐
大家都是小叮噹
笑話一籮筐
好笑到美叮美噹

目次

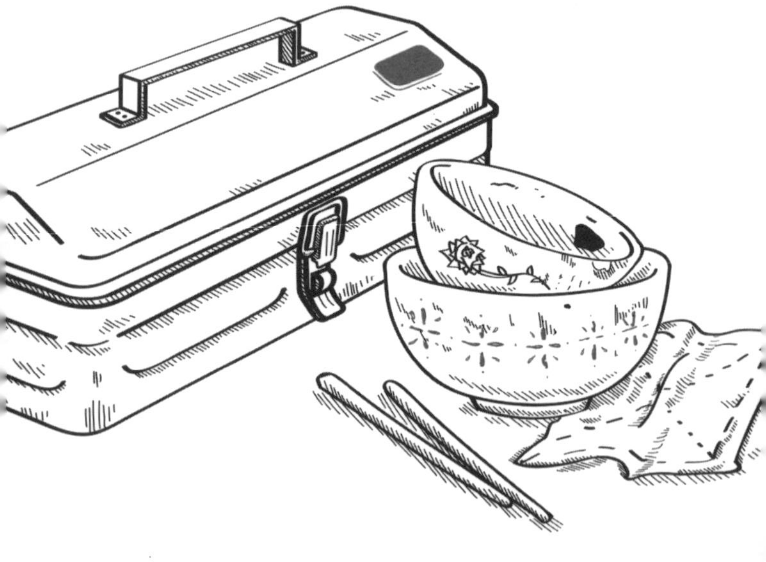

生活篇

小工具大發揮　讓你生活更便利

宜　善用生活小物　忌　殺雞用牛刀

蟲蟲危機警報　成功防範有一套

宜　環境整潔、密封食物　**忌**　廚餘未收、碎屑掉地

簡單小動作 輕鬆省力猴塞雷

宜 活動筋骨、身體健康 忌 腰痠背痛、好吃懶做

細菌藏廚具　清潔要做好做滿

宜 大掃除　忌 藏污納垢

人人辦得到
當名優雅家政婦

宜 保存食物、下廚 忌 暴殄天物

醫療篇 腸胃不順嗎？一起擺脫便祕臉

宜 多吃蔬果、多喝水

忌 熬夜、抽菸、喝太多咖啡

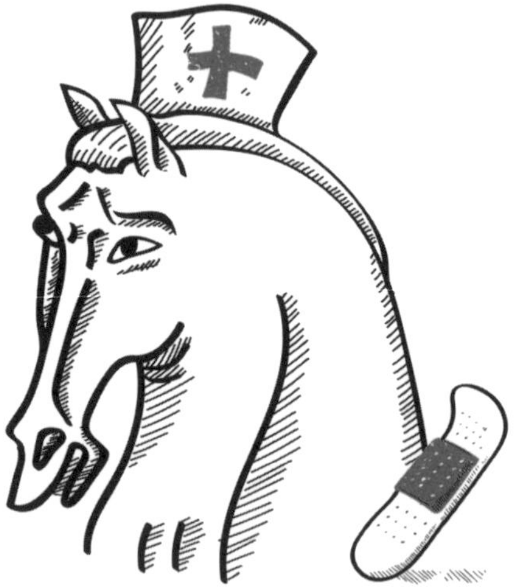

小物治小傷
日常簡易治療法

宜 保持傷口乾燥、瞻前顧後
忌 剝結痂、碰水、二度傷害

大姨媽來訪
讓妳不怕面對她

宜 使用熱敷袋、喝熱飲、吃紅豆

忌 吃寒涼食物

身體蓋勇健　教你活得更健康

宜 早睡早起、運動　**忌** 生病、火氣大

美人要保養　窈窕妖嬌好自信

宜 多吃蔬果、吸引異性　**忌** 半途而廢、自暴自棄

還我柔順髮絲 閃閃動人真亮麗

宜 滋潤髮絲、去除雜毛 **忌** 蓬頭散髮、毛躁打結

生活篇

生活

●我是生活智慧王●

綁鞋帶
讓手指變細

鞋帶神救援，讓戒指不再卡卡

原理分析

鞋帶緊纏手指，能讓手指變細，這時透過鞋帶回繞的拉力，即能讓戒指漸次推進移動。

宜	忌
結婚、告白、脫魯	買錯婚戒尺寸、單身

素材

卡在手指上的戒指、鞋帶

步驟

用鞋帶緊纏手指，將鞋帶一端穿進戒指後反向回繞解開，順勢讓戒指脫出

花蓮陳罐嬉離婚 辣妹排隊求交往

花蓮吉安鄉有一對結婚多年的夫妻，老公阿財長得很帥氣，被封為「花蓮陳罐嬉」，當地甚至有幾位辣妹在排隊觀望，等待他們夫妻失和的一天。

而這一天，終於到來了！阿財因為再也受不

了老婆長期碎念嘮叨與瘋狂血拚，下定決心要終結這段婚姻。不料他竟然怎麼都拔不下結婚戒指，走投無路之下，只好上網尋求協助，最後是某位網友拍攝的拔戒指教學影片拯救了他。

擺脫婚姻束縛的阿財如釋重負，他已經迫不及待地去找那些引頸期盼的辣妹了。

生活

我是生活智慧王

銅化合物可以除鞋臭

錢幣兩三枚，掰了鹹魚腳臭味

原理分析

錢幣含銅元素，一元及五十元含量最高，在潮濕溫熱環境下會產生銅化合物，可抑制細菌，吸附臭味。

宜

將鞋子放置通風處

忌

天天穿同雙鞋、不穿襪子

素材

臭鞋、錢幣

步驟

將數枚錢幣放進鞋內，靜置一晚，即可消除臭味

網模臭名遠播
慘遭經紀公司解約

新生代宅男女神豆腐妹擁有火辣身材與可親形象，喜歡與粉絲互動、直播聊天，粉絲團人數高達百萬人次，平時電視台與業配工作邀約不斷，事業一片大好。近期卻有匿名人士疑似眼紅嫉妒豆腐妹的高人氣，向週刊爆料，她私底下其實是個不折不扣的臭腳女。

驚人消息一出，重創她在粉絲心目中的完美女神形象，紛紛取消追蹤，還留言表達失望的心情。而經紀公司得知消息後，不但沒有澄清滅火，還解除多年工作合約，豆腐妹求助無門，一夕之間從天堂掉進地獄。

鄉親都按讚

鞋子不再臭哄哄，老婆歡喜更愛我

下班後不僅身心疲憊，長時間悶在不透氣皮鞋裡的雙腳，更容易因為腳汗而散發異味，每次回家脱鞋，老婆和女兒都忍不住大喊：「爸爸，趕快去洗腳！真的很臭耶！」看到家人不願意靠近的樣子，總讓我心情沮喪低落。直到有一天，女兒和我分享了一則消除鞋臭的偏方，只要在鞋內放進幾枚錢幣，臭味就會變淡，實在是太神奇啦！

內湖／林先生

0983-1424
就這樣被我征服
口臭味
油頭味
汗臭味
狐臭味
放屁味
腳臭味
道歉啟事
正式道歉
本人高腹蟀正式登報向藍靈妄道歉，因他老婆鄧不麗君實在無法忍受藍靈妄每天散發出鹹魚腳臭味，所以向我訴苦，我們日久生情，天雷勾動地火，一發不可收拾，她決定要投入我懷抱，因此本人要向鄧不麗君的老公藍靈妄
道歉人
高腹蟀
唱翻天豪華卡拉
頂級設備
無限歡唱
紅牌任君挑選
台北市淋蔘北路一段08號
有意買屋者請洽 917-6346 鄭先生
萬安公寓
鄰近墓地，景色宜人
佔地百坪，三房兩廳
屏東縣恆春鎮大馬路516-8號旁
銀錢豹豪華大舞廳
頂讓
752-7698 台中張先生
大折扣
追蠅神器
吹風機
媽媽樂拉!!!
快速整潔・省時省力・蒼蠅不再來
追蠅神器
唯一能讓你省時省力的方法
讓你們家的蒼蠅無蠅無蹤
讓你開心與家人共度晚餐時光
限量販售
想要得到這支吹風機就得趕緊購買
它擁有抓到蒼蠅的風力設計
不管如何都抓得到喲！
麻將徽牌咖
三缺一就缺你！
發
1晚100/2晚打八折
內洽：0229048593
出售中
買不起的房子
912-8463 小吳
台灣
紅葉少棒隊
加油！加油！加油

●我是生活智慧王●

吸管的實用三妙招

吸管出任務，小兵也有大作用

原理分析

利用吸管可塑性高、能屈能伸的特性，以最簡單的方式，輕鬆解決生活大小事。

宜 喝珍奶、收納、宅在家

忌 泡麵泡太久、環境髒亂

素材 打火機、鉗子、粗吸管

步驟 將吸管一端用鉗子夾緊，以打火機加熱封口，倒入內容物後再封另一端

素材 剪刀、粗吸管

步驟 從吸管一端向下繞圈剪開至另一頭，纏繞在電線上，即能收束散亂的電線

素材 剪刀、細吸管

步驟 剪下吸管可彎曲的部分，再從側邊剪出一道開口，即可扣合泡麵杯蓋

旅行不再大包小包

旅行時，瓶瓶罐罐好占空間，又很怕行李會超重。只要將盥洗用具倒入改造過後的吸管，出遊就更輕便了，血拚時再也無後顧之憂！

拯救糾結的電線們

過新年大掃除是小頑子一家人最煩惱的時候，男女老幼都愛亂買東西，尤其是週年慶失心瘋買的電器們，電線都纏繞在一起了。

最井井有條的姊姊說：

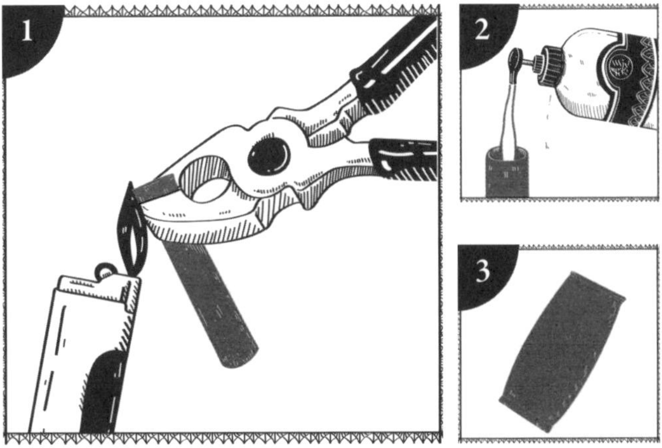

一家政老師教過，只要利用粗吸管就可以輕鬆解決這個小苦惱。」全家齊心協力將電線整理完後，還一同享用下午茶，度過美好的點心時光！

一泡，二扣，三享受

颱風天的深夜，阿貴非常餓，明明晚餐已經吃了三碗滷肉飯配兩碗貢丸湯，依舊覺得胃很空虛。阿貴跑到阿嬤房間請她準備消夜，正愛睏的阿嬤只好從床上爬起，說：「憨孫，我們泡泡麵來吃吧！」

阿嬤拿出市售第一名的好多讚牛肉麵，醬包和熱水都加入後，泡麵蓋始終無法乖乖地蓋上。阿嬤說：「憨孫，有吸管就行了啊！」果然薑是老的辣。祖孫一同享用泡麵，心滿意足地度過這個風雨交加的颱風夜。

空隙氣壓
助餐墊伏貼

橡皮筋出馬，野餐墊不再飄飛

原理分析

製造與地面間空隙，利用流體力學的白努利定律，風吹過狹窄處的速度加快，壓力變小，墊子因此緊貼地面。

宜

出外曬太陽、在草原奔跑

忌

情侶吵架、出門沒帶食物

素材

野餐墊、橡皮筋

步驟

在野餐墊四角六到七公分處綁上橡皮筋，再把四角折進野餐墊下方即可

滑山野餐日
隱藏了什麼祕密？

新北市一位阿先生拉丁，在IG公布一則埋在他心中多時的祕密。幾年前，他和女友默粒參加滑山野餐日活動，阿先生拿出預先準備的野餐墊，擺好三明治與紅茶，正要開始享受兩人甜蜜時光，野餐墊竟然飛起來了……

這時阿先生才驚覺自己誤拿成私藏的神奇飛毯。阿先生為了不被旁邊參與活動的民眾發現，立即請女友摘下用來綁頭髮的橡皮筋，一一綁住野餐墊四角，再折進野餐墊下面。如此一來，神奇飛毯又恢復了平靜。默粒因為阿先生的機智，心生崇拜，決定要跟隨他雙宿雙飛一輩子。

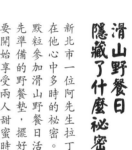

生活

●我是生活智慧王●

乳液除殘膠
鋁箔磨刀面

乳液鋁箔紙擔當 鈍剪刀煥然一新

原理分析

乳液能適度溶解刀面上的殘膠，使剪刀變得光滑無阻力；刀鋒與鋁箔紙接觸後會產生摩擦力，幫助剪刀恢復銳利度。

宜	忌
上美勞課、辦公、手作	不當使用工具、剪刀未收好

素材

乳液、面紙

步驟

小心將乳液塗在刀面上，再以面紙仔細擦拭三至五分鐘

素材

剪刀、鋁箔紙

步驟

將鋁箔紙對折再對折後，拿剪刀重複多剪幾次

老師有愛又有才 森林小熊也讚爆

新北市著名的森林小熊幼稚園是許多家長夢寐以求的學校，除了擁有廣大綠地，也很注重課程安排，尤其強調手作美勞，對孩子的創意啟發有很大幫助。

一日彩虹老師教孩子們做色紙拼貼，小星與小梅分配到的剪刀很難用，色紙因此被剪得坑坑疤疤，像被狗狗啃過一樣，只好淚眼汪汪地向老師求救。

老師正好機會教育，她拿出乳液與鋁箔紙，親自示範並解說：「善用家裡常備的物品，就能讓鈍掉的剪刀重拾生命力。平時要好好愛惜物品，不要輕易丟掉喔。」孩子們開心地完成美勞作品，之後還在聯絡簿上感謝彩虹老師的諄諄教誨呢！

光明
新華
好世界
民國
太平
郎有情妹有意
燈花笑對含羞人
琴韻譜成同夢語
領銜主演
女主角 歸雅蕾
男主角 柯駿熊
偏方劇院
感動上映
省時省力
太好看了
看過的人
都說讚！
復興
明天播映
讚
金山
1.10
3.00
7.00
9.20
讚
三和
1.30
3.30
7.30
9.30
讚

解你的渴
NT:25元

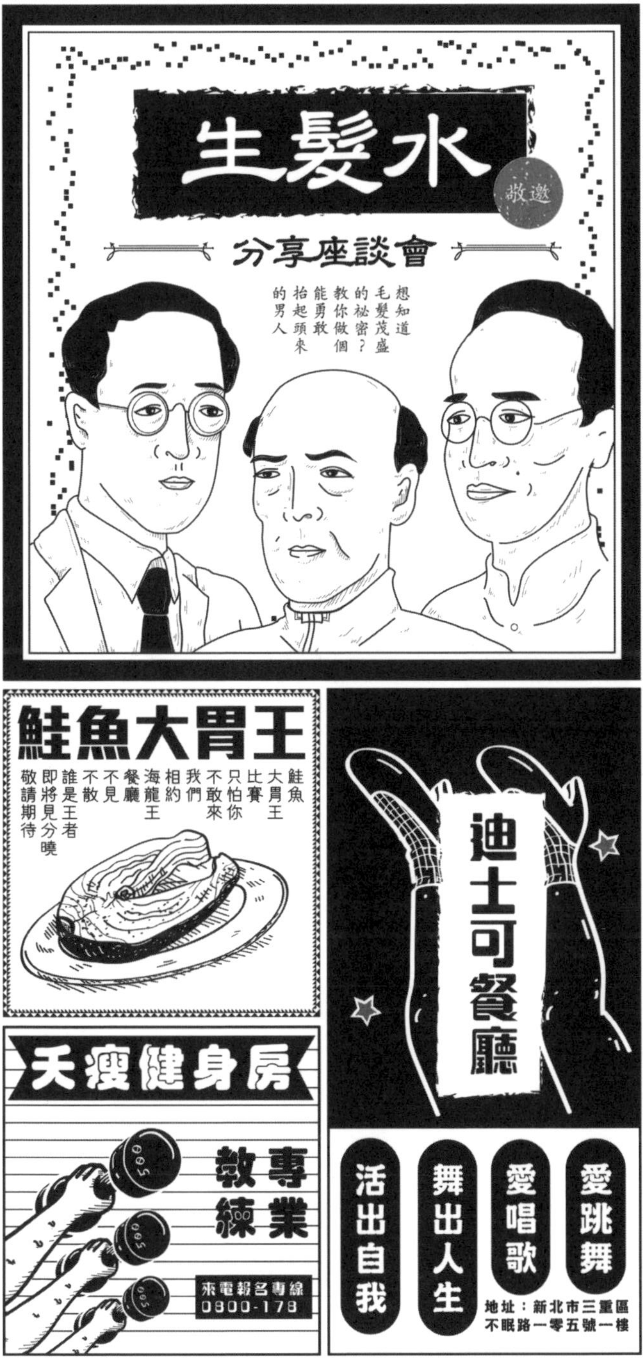
生髮水
敬邀
分享座談會
想知道毛髮茂盛的祕密？教你做個能勇敢抬起頭來的男人
鮭魚大胃王
鮭魚大胃王比賽
只怕你不敢來
我們相約海龍王餐廳
不見不散
誰是王者即將見分曉
敬請期待
迪士可餐廳
愛跳舞
愛唱歌
舞出人生
活出自我
地址：新北市三重區
不眠路一零五號一樓
天瘦健身房
專業
教練
500
來電報名專線
0800-178

只留美味 不留魚腥味

觸摸不鏽鋼，無法去除腥味

七日晚間，基隆一位陳媽媽去市場買了一條魚，回家後才發現攤商沒有幫忙清理內臟。陳媽媽決定自己動手，但結束後手上殘留的魚腥味卻怎麼也洗不掉。甚至到了隔天，她上市場遇到舊識，原想握手擁抱，對方都因味道太重而尷尬閃開，讓陳媽媽好生困擾。隔壁的王媽媽知道了，熱情地告訴她一個方法，說只要觸摸不鏽鋼材質的物品，就可以去除魚腥味了，王媽媽還藉此推銷了自己販售的不鏽鋼商品。但是陳媽媽摸了一千三百

次，都沒有成功擺脫魚腥味，憤而決定提告王媽媽詐欺，並憤恨地繼續找尋去除魚腥味的方法。

與魚腥味永遠分手

想去除手上讓人作嘔的魚腥味？只要用牙膏就可以輕鬆解決。方式是把牙膏均勻塗抹在手上，兩手輕輕搓揉，再用清水沖洗即可。原理是牙膏中的表面活性劑，能穿透並瓦解皮膚表面的殘留物，腥味也就因此消失了。

生活

我是生活智慧王

鹼性盆能減蚊

自製鹼性盆，蚊子絕子更絕孫

原理分析

利用洗衣粉和肥皂散發出的香氣，誘使蚊子下蛋，而蚊子的蟲卵在鹼性環境下無法存活，即可減少蚊子數量。

宜

安裝紗窗、定期清洗盆栽

忌

澆花時灑太多水

素材

肥皂、洗衣粉、臉盆

步驟

將肥皂刨絲，與洗衣粉數匙，一同放入臉盆，加水攪拌後靜置屋內

遭蚊子瘋狂襲擊，女大生腫得像豬頭

桃園某大學一名林姓女學生，晚上睡覺時，常被蚊子大肆叮咬，原本清秀的臉龐，因此不時腫得像豬頭，還因睡眠不足而嚴重黑眼圈。長期下來，嚴重影響女學生的外貌與心情。直到社團同學傳授她省錢又便利的驅蚊妙招。

好心腸的同學還貢獻了水盆、肥皂和洗衣粉。幾日後，夜裡不再總是嗡嗡嗡，女大生終於能一覺到天明了，恢復紅潤好氣色的她，更因此重拾信心，變成人見人愛的甜心。

生活

利用蠅科習性治本

果蠅不敵杯中物 蒼蠅緊握終成空

原理分析

利用果蠅喜愛酒精飲料的特性，作為誘餌。冷風會引發蒼蠅的神經回饋作用，前腳緊抓住所攀附物體；同時體內神經連結翅膀，翅膀會自然收縮而停止飛行。

宜

保持整潔、吃大餐

忌

以破紗罩覆蓋食物、剩食

素材

啤酒、杯子、保鮮膜、橡皮筋

步驟

將啤酒倒入杯中，以保鮮膜封起，並用橡皮筋固定，戳洞後即可引入果蠅

素材

吹風機

步驟

以吹風機冷風對著蒼蠅吹，牠們會因此緊抓桌面，停止飛行，可趁機消滅

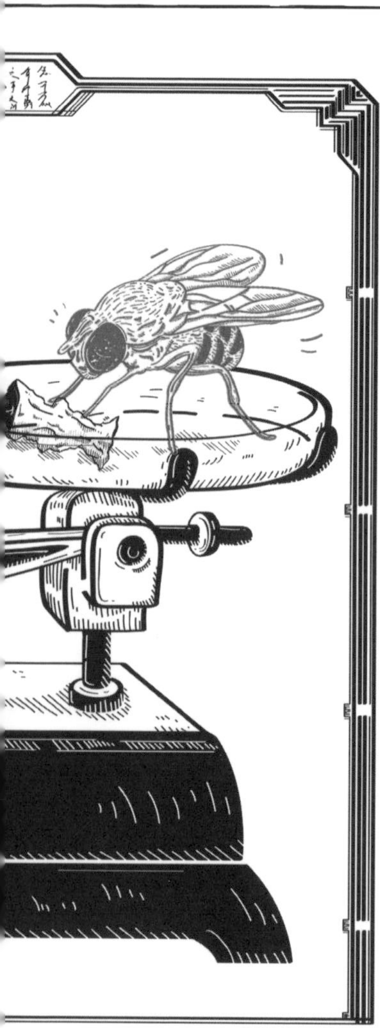

恐怖！米其林餐廳廚房竟飄屍臭味？

北市知名米其林餐廳近日被客人爆料，並貼出數十隻果蠅在食物上飛舞的影片。消息傳出後，衛生署派人稽查，竟發現廚房飄出果蠅屍臭味！果蠅停留在食物上是為了產卵，若將卵吃下肚，恐會造成腸胃不適。

這時可以自製「啤酒捕蠅器」，

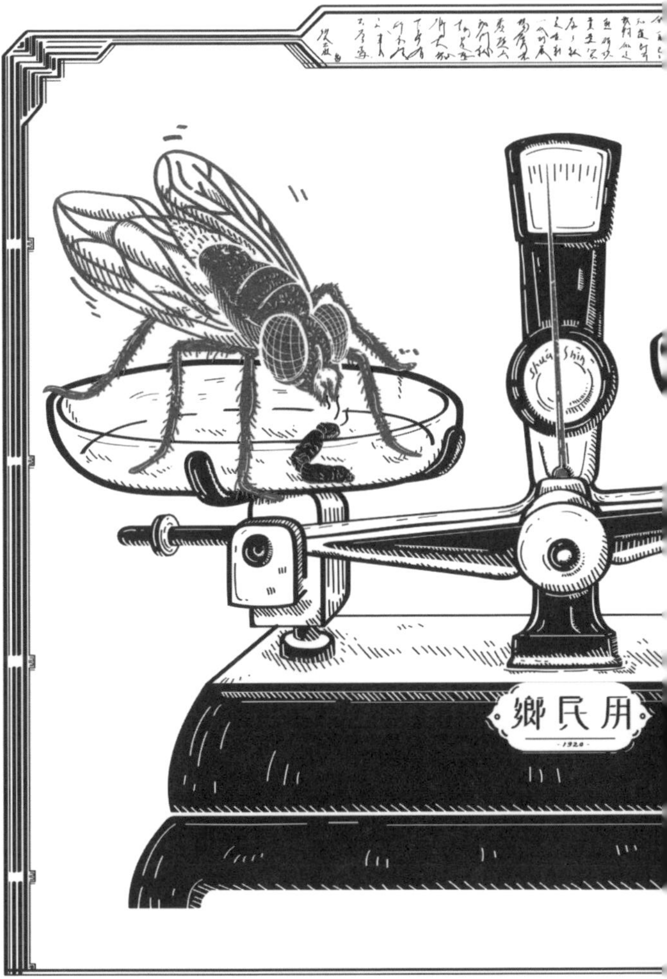

藉酒精飲料所散發的香氣，吸引果蠅靠近並掉落其中。定期更換啤酒，能捕捉到更多果蠅。

蒼蠅舉白旗，宣告投降

依據國外調查報告，有六成民眾會把蒼蠅停留過的食物吃下肚。蒼蠅比蟑螂髒兩倍，牠們吃腐爛的食物與糞便，身上腳上因此沾黏了無數細菌，這些細菌以及蒼蠅產下的蟲卵，很容易隨著牠們的蹤跡，遺留在食物上。

這時只要拿出吹風機，對著蒼蠅直吹冷風，牠們會為了不被強風吹走，緊緊抓著桌面不放。此時即可以輕鬆處置蒼蠅，解決這個惱人的問題。

鄉親都按讚

吹風機趕胡蠅 阿嬤試過真滿意

煮飯的時候，胡蠅飛來飛去，趕牠們的時間比煮飯還久。尤其在庄腳，大門都開開的，胡蠅趕走一隻閣來一隻，用手打不衛生，我年紀較大，又跑不過牠們。還好住在台北的乖孫教我這個辦法，用吹風機趕胡蠅，真正是蓋好用，有夠讚！

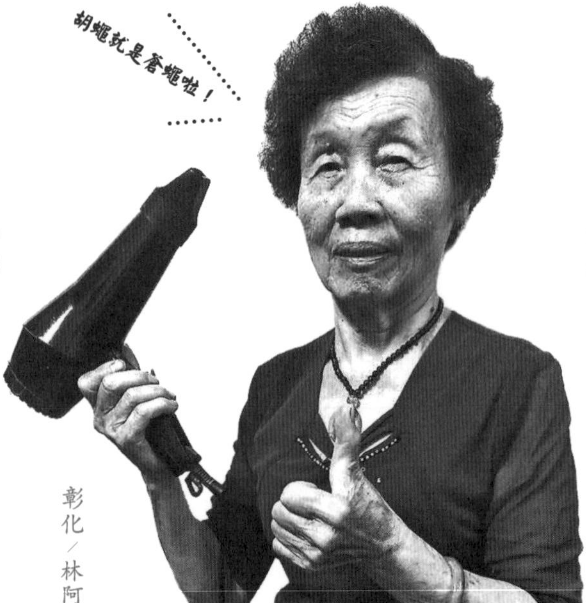

彰化／林阿姨

步驟 1.2.3

讓你蚤不到

家中毛小孩出去滾草皮時，是不是總是帶著許多跳蚤回家，讓牠們癢得受不了，主人也跟著遭殃。

這時候把沖完咖啡的咖啡渣留著，就能派上用場。首先在毛小孩洗澡前，先將濕的咖啡渣倒一點在牠們身上，再用刷子刷洗，就能驅走跳蚤喲！

生活

●我是生活智慧王●

利用趨光性
滅飛蟻

飛蟻大軍入侵，見光死光光

原理分析

利用飛蟻的趨光性，誘使牠們飛近光源，掉進水盆，蟻類翅膀沾溼後會無法脫逃，導致溺水死亡。

宜

關燈、保持室內乾燥

忌

開窗開門、購買木頭家具

素材

水盆、白燈

步驟

在水盆上以一盞白光的桌燈探照，吸引飛蟻靠近，進而掉進水盆溺死

飛蟻肆虐，女子竟患躁鬱症

根據報導指出，板橋一名莊小姐的住家被大量飛蟻入侵，她日日夜夜與飛蟻纏鬥，不只頭髮白了好幾根，更有了躁鬱症傾向。飛蟻脫翅後還會成為白蟻，啃食木質家具與地板，經年累月，家具地板都被蛀壞了。莊小姐忍無可忍，終於考慮搬離這個傷心地。

這時，友人傳授她可以利用飛蟻的趨光習性，在室內放置水盆和白燈，就能讓牠們自投羅網。莊小姐善用這個方法，終於讓飛蟻慢慢減少，她的心情也因此恢復平靜。

生活

●我是生活智慧王●

爽身粉
趕走螞蟻

爽身粉擋路，螞蟻此路不通

原理分析

爽身粉的味道可以覆蓋掉螞蟻經過時留下的費洛蒙氣味，讓牠們嗅覺迷亂、無所依循，進而發揮驅趕作用。

宜

將食物收納好、大掃除

忌

辦桌請客、吃甜食與飲料

素材

爽身粉

步驟

將爽身粉撒在螞蟻會經過的路線，迫使牠們改道、遠離

螞蟻侵襲托兒所
學生家長欲提告！

新北市某托兒所一名孩童回家後，爸媽發現他身上有多處被螞蟻咬傷的痕跡，十分氣憤。他們氣沖沖跑到學校，叱責老師及園長，還嚷嚷著要提告。這時某位新老師挺身而出，說他能盡快解決，請家長給他一點時間。

隔天老師帶著爽身粉，撒在螞蟻時常出沒的地方，阻擋牠們靠近。這才終於改善托兒所的環境，也因此化解紛爭，挽回岌岌可危的聲譽。最後老師不忘向小朋友們宣導，平時除了要記得帶手帕衛生紙，吃燒餅等點心時也要記得把掉落的芝麻撿乾淨喔！

大家來找碴

（找出兩圖共有幾個相異處）

還在跟蟑螂大眼瞪小眼嗎？

家中如果有蟑螂肆虐的情形，可以將未喝完的易開罐啤酒放在牠們常出沒的地方，就可一網打盡。

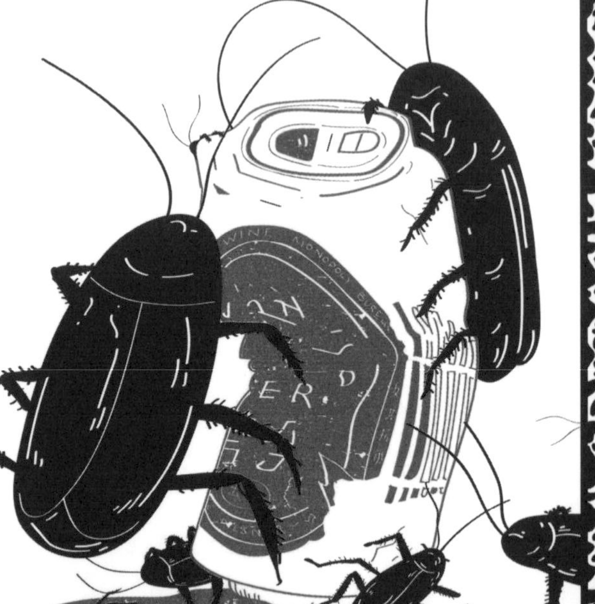

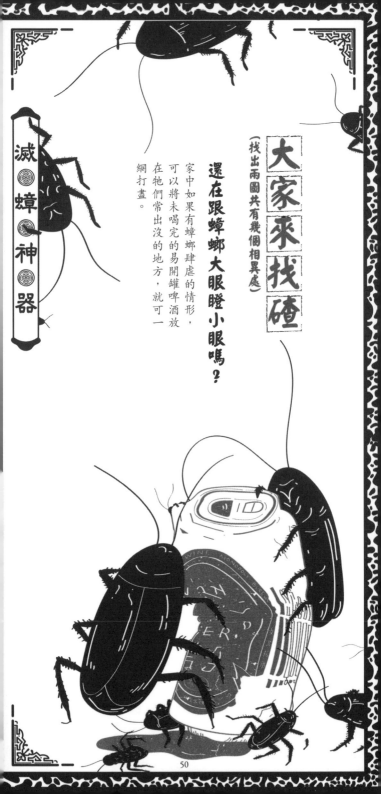

滅蟑神器

啤酒是富含胺基酸、維生素與礦物質等營養成分的釀造酒，且散發香氣，對蟑螂有一定的吸引力，當蟑螂被引入啤酒罐後，腹部的氣孔會被啤酒堵住，進而無法呼吸，窒息而死。

解答：8個

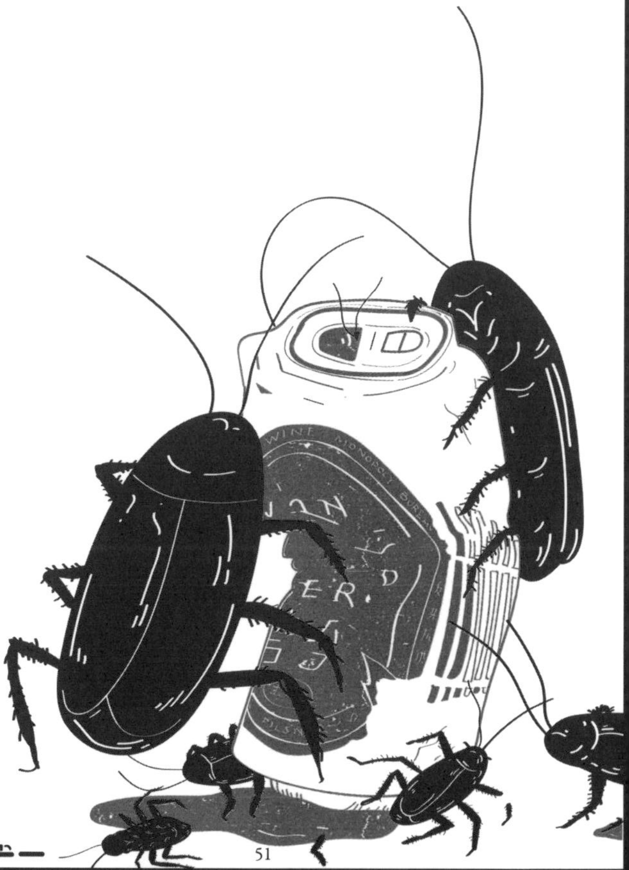

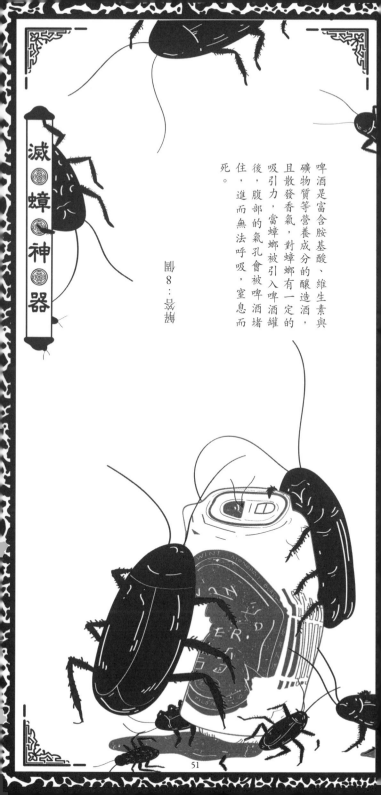

●我是生活智慧王●

生活

讓布丁落下
轉圈

華麗轉身，布丁落盤好輕鬆

原理分析

在轉圈的過程中，布丁會因為離心力而變形，並讓空氣進入布丁盒，促使布丁順利落下。

宜

安排點心時間、準備野餐

忌

使用湯匙、減肥

素材

淺碟盤、布丁

步驟

將布丁盒倒扣在盤子上，稍施力壓緊，快速旋轉一圈，即可完美落盤

十年一度的國際布丁扣盤大賽登場了！主辦單位首度與觀光局聯合舉辦，參賽選手包括來自日本的田森一郎、澳洲的艾爾倫·史塔利，以及韓國的朴英奎，台灣也派出眾所矚目的扣盤界新星陳影代表出賽。

田森一郎發揮日本人一貫追求完美的精神，用尺測量布丁的黃金比例應戰；朴英奎則是邊比賽邊盤算著如何撂倒其他選手。最後是由陳影以簡單的步驟，穩紮穩打奪得最後的冠軍，速度之快，甚至打破了世界紀錄。

比賽結果揭曉時，全場歡呼聲不斷。陳影賽

後受訪時表示：「這次獲得這麼高的榮耀，可說是我生命中最大的肯定！」說著說著便流下滿足的兩行淚水。

生活

●我是生活智慧王●

拍打底部
開罐頭

拍拍屁股，罐頭就乖乖聽話

原理分析

施予罐子衝力時，罐身因被緊握而靜止，蓋子則由於慣性會繼續運動，且與罐身呈反方向，進而產生鬆動。

宜

祭祀、早餐吃稀飯

忌

使用開罐器、食物放過期

素材

尚未開封的醬菜罐頭、雙手

步驟

將醬菜罐頭倒過來，緊握罐身，拍打底部，再轉過來即可輕鬆開啟蓋子

遺憾！只是為了開醬瓜　婦人竟離奇身亡

新竹市香山區有位李姓婦人，煮了地瓜粥當午餐，同時想搭配甫從超市買回來的醬瓜。但是無論用什麼方法，就是打不開罐頭，連用刀子也撬不開。最後竟因為使出全身力氣，一時重心不穩跌倒，撞擊到頭部，當場昏厥，送醫緊急搶救後仍宣告不治。

左鄰右舍紛紛表達哀悼之意，他們說李姓婦人善心又大方，常會分送食物給厝邊頭尾，事情發生得太快太突然，讓大家無法接受。有位鄰居為了不讓遺憾再發生，難過地向大家宣導，其實只要用手掌拍打醬瓜罐頭的底部，就可以輕鬆開啟了，千萬不要拿生命開玩笑！

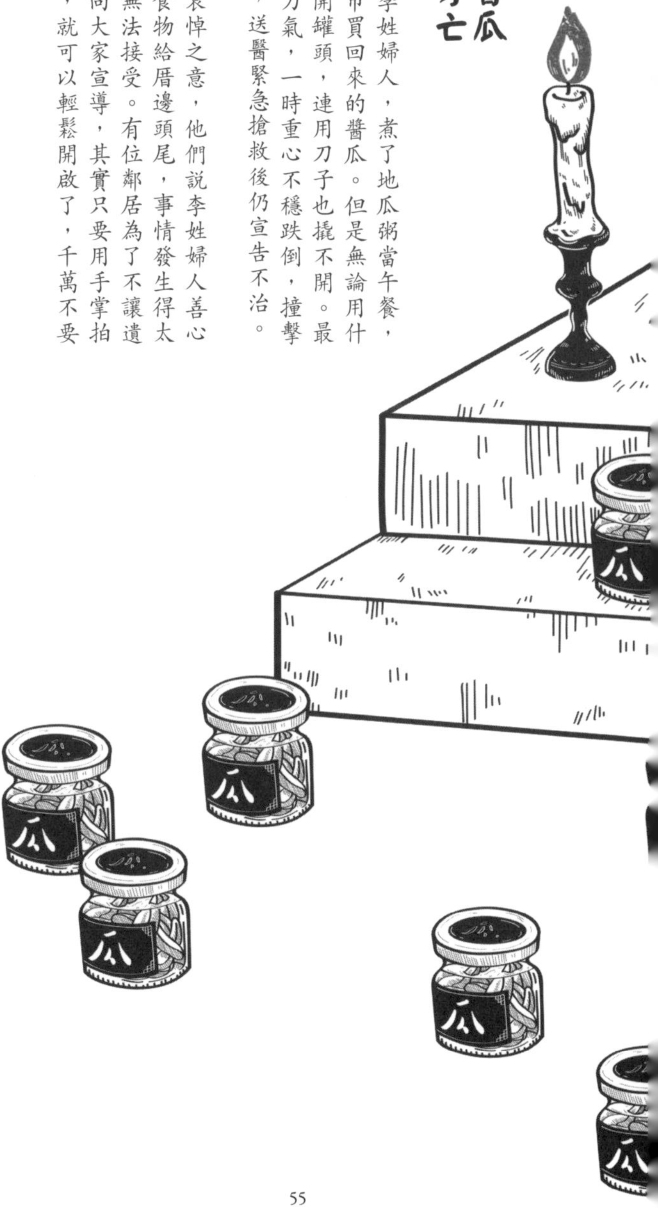

鄉親都按讚

醬瓜就醬開，輕鬆省力笑呵呵

古早時陣，環境不好，為了省錢省事，阿母做早飯的時候，常會準備醬瓜。我們兄弟姊妹都很喜愛吃醬瓜，不時搶著開罐頭，誰先吃到誰就贏。媽媽因此總是巴我們的頭，說道：「死囡仔，這樣硬開，萬一打破了怎麼辦？」媽媽因此教我們「拍打開罐法」。我一直沿用這個方法，從兒子教到孫子，每次都順利成功，實在是太方便了！

台南／鄭小姐

鄉民餐廳
慶開幕
讓你白吃白喝一年
吃到撐吃到怕
吃到老闆破產
072-6743

精美禮物
聖誕
新年
禮輕情意重
送進心坎裡

急徵
番瓜送貨員
福利好，可偷吃
包你賺飽飽也吃飽飽
意者请洽514-2938胡小瓜

文創
雞排
吃了變文青
鹽酥雞
大雞小雞
大辣小辣
甜不辣
不吃變憤青

好喝沙士
加量要
加價
不喝拉倒

難逃法網
故事曲折大離奇
果蠅
通緝令
天羅
地網
逮壞蟲
動作火爆大刺激

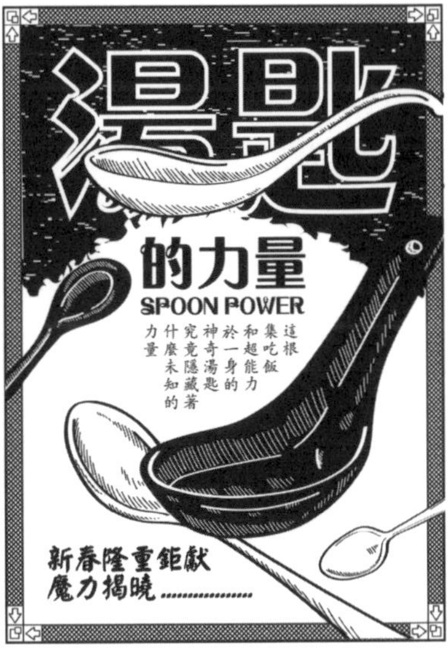
湯匙
的力量
SPOON POWER
這根集吃飯和超能力於一身的神奇湯匙究竟隱藏著什麼未知的力量
新春隆重鉅獻
魔力揭曉……

冷凍增加
絲襪韌性

冰箱凍一凍，絲襪愈冷愈堅強

原理分析

絲襪裡的尼龍含有水分，冷凍可鎖水，增加纖維緊密度，延長使用壽命。

宜

上班、穿窄裙

忌

勾破絲襪、穿舊絲襪

素材

全新的絲襪

步驟

將新買尚未拆封的絲襪放入冰箱，冷凍一至兩天

職場性騷擾
受害者群起告發老闆

某天小玉不小心在辦公室勾到絲襪，破了一個大洞，被身旁的老闆看到，一直猛盯著她的腿。等小玉起身時，老闆竟色性大發，伸手摸她絲襪破洞的地方。羞憤不已的小玉，怒向女上司投訴，才知道女上司也曾有類似遭遇。她們最後決定聯手向媒體爆料，揭發老闆惡行。

女上司也跟小玉分享一個小祕方。只要把新買的絲襪放進冰箱冷凍庫一兩天，就可以強化韌性，不容易勾紗破損了。知道了這個小撇步，小玉受到驚嚇的心，也因此獲得一點安慰。

生活

●我是生活智慧王●

利用腰圍是脖圍兩倍長

腰頸黃金比例，試穿再也不求人

原理分析

人體構造自有平衡比例，根據統計，大多數人的腰圍大約是脖圍的兩倍，因此可利用這個測量方式確認尺寸。

宜

把錢花光、對自己好一點

忌

攜帶皮尺、與人吵架

素材

褲子

步驟

手持褲頭兩端，繞在脖子上，若能剛好繞一圈，即可知腰圍尺寸適合自己

一言不合，兩女上演全武行

北市知名觀光夜市昨晚發生一起讓人匪夷所思的消費糾紛。據目睹過程的店家描述，當時一對逛街的情侶，女子看上一條裙子要求試穿，女店員卻以輕蔑的言語態度拒絕，當場惹惱了女子。兩人隨即發生口角，進而扭打起來。

現場相當火爆，警方到場處理時，雙方各説各話誰也不讓誰，還爭相怒嗆要提告傷害罪。如此小題大作，不僅浪費時間，更消耗社會資源，讓警方與圍觀的群眾都直搖頭。

鄉親都按讚

逛街免試穿，男友不再擺臭臉

逛街的時候，常會遇到臉很臭、態度又很跩的店員，不提供試穿，可是不試穿又怎麼知道是否合身呢？而且若買回家才發現尺寸不合，還要花時間在拍賣網上轉手，或送給親朋好友，真的很麻煩。知道腰圍原來是脖圍的兩倍後，買褲子或裙子時就輕鬆多了。我還跟幾個好姊妹分享這個偏方呢。

五股／潘小姐

尋人
尋找夢中情人
只在夢中出現過
如果長這樣或差不多
請跟我聯络
831-8445
!!!誠徵!!!
設計師
工時長，身體健康者佳
福利：該有的都有 薪水：不高
無懼勇者請洽587-2376
覓良緣
本人史珍香，三十六歲
性格溫柔婉約，豐滿迷人
擅修水電精通三國語言
誠覓善良真心成家男
怕蟑螂者尤佳。
招生
★婆媽偏方才藝班★
能在頂尖教室學習是件美好的事
營造夢想希望的搖籃
全國唯一
無敵蛋殼限量發售
欲購最天然的肥料請洽462-3254
絕對再版
偏方代表我的心
$99

生活

●我是生活智慧王●

徒手測量
煮米水位

雙手萬萬能，這樣煮飯真簡便

原理分析

以手掌估量煮米用水是傳統古法，多取決於個人經驗，以及對米飯軟硬程度的喜好，而適時斟酌水位。

宜

煮大餐、做甜點

忌

沒鎖家門、沒關窗戶

素材

白米、電鍋、雙手

步驟

洗米瀝乾後，將手垂直放進鍋內，掌心平貼表面，倒入水略淹過手背

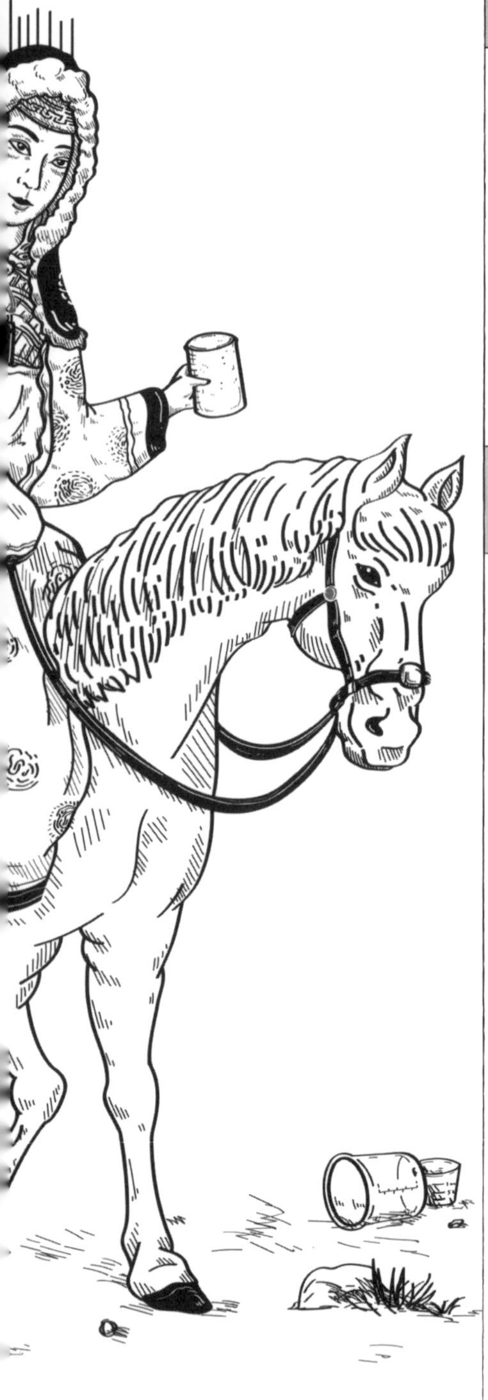

量杯失竊記，村民失魂落魄

白米村竟然發生量杯竊盜案！村裡接連傳出煮飯用的量杯被偷走的事件，大家因此飽受困擾，輾轉難眠，即使報警了，卻始終抓不到小偷。為什麼會想偷量杯呢？村民們百思不得其解。雖然稱不上貴重，但是少了量杯，嚴重影響家家戶戶煮飯跟用餐的時間。

最後村長終於出面，並透過村民辦公室廣播，告訴大家只要將手掌垂直放進白米鍋，即可斟酌出適合的水位。聽取村長的意見後，白米村村民終於又恢復正常吃飯作息，不必再為量杯而茶不思飯不想了。

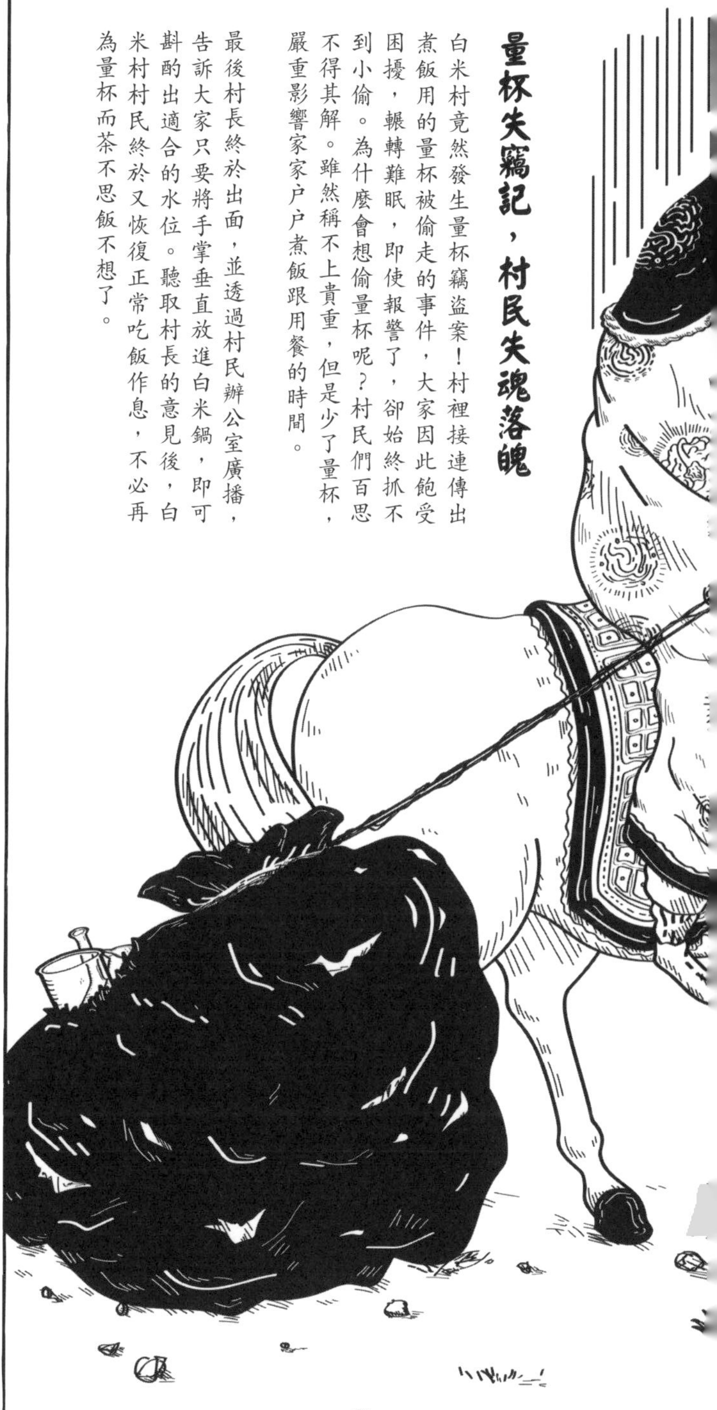

我是生活智慧王

搖晃可降低果實酸性

來段輕搖滾，橘子不再酸溜溜

原理分析

橘子經過搖晃會產生呼吸作用，吸進氧氣、排出二氧化碳，消耗酸能量，果實酸性降低就會顯得較甜。

宜

種橘子、探親、接待客人

忌

招待敏感性牙齒患者

素材

偏酸的橘子、鍋子之類容器

步驟

把橘子放進鍋子或大碗裡，施力搖晃即可，搖晃力道以不損害橘子為準

新版〈背影〉，朱自清也微笑

南投一名朱姓少年，出身家境困苦的單親家庭，從小由爸爸一手帶大，為了報答養育之恩，他每天懸梁刺股努力讀書，終於考上台北第一志願建國中學。朱姓少年隻身到遙遠的異鄉讀書，過著不一樣的人生。隔了一段日子，朱爸爸因

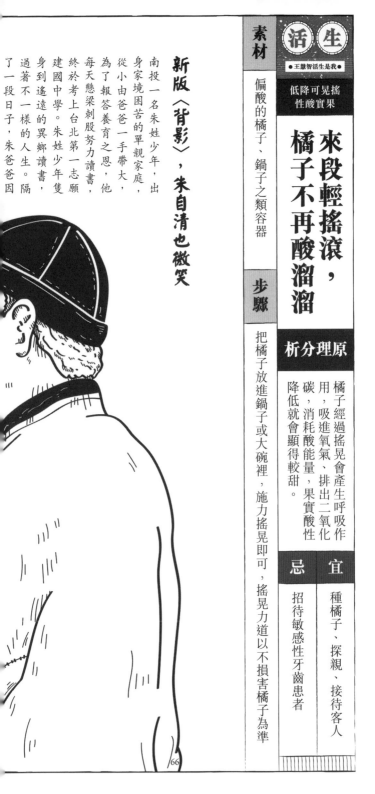

為太思念兒子，突然來到兒子宿舍，想給他一個驚喜。

爸爸還提來一袋橘子，父子倆開心地一起享用。不料橘子有些酸，讓爸爸的敏感性牙齒深受刺激。朱姓少年突然想起化學老師教過，橘子經過搖晃會降低酸性。他如法炮製，果真如此。他爸爸對兒子的學習成果感到非常驕傲，更放心他獨自在台北念書。朱姓少年看著父親吃橘子的背影，心情激動，不禁熱淚盈眶。

飲君子不可不知解酒事

酒駕心虛，沙士無助解酒

新竹市昨日凌晨發生一起未成年少年酒駕飆車案件，少年被警方攔查酒測，不但沒有悔意，還醉醺醺地大飆國罵拒絕受檢，更想一口氣喝完車裡的沙士。

少年荒唐的行為讓員警既無奈又生氣。因為一旦飲酒，不管喝什麼、吃什麼都無法立即降低體內的酒精濃度。坊間流傳的解方，頂多能稍微解除飲酒後的不適感，並無法降低酒測值。

一時貪杯，糖水舒緩宿醉

肝臟代謝酒精的速率是固定的，成人每小時只能代謝約十毫升的酒精。人體處在酒醉狀態時，酒精中的乙醇會轉化成乙醛等有毒物質，並引發頭痛、嘔吐及噁心等症狀。這時飲用濃糖水能提神醒腦及恢復體力。

製作方式為一百克的白糖加入適量開水，攪拌後即可飲用。糖水能稀釋胃中的酒精濃度，並減少酒精吸收。且糖分被吸收後血糖濃度會增加，進而降低酒精在血液中的比例，加速有毒物質代謝、排出體外。

哈

·小明笑話集·

白鷺鷥
大戲院
只播生態片
環保愛地球
我愛大自然
台北市南門町電影街

478-2581
易經卜卦
假功夫沒本事

594-0857
要人沒有
要車一台!
香車
送每人
0857-

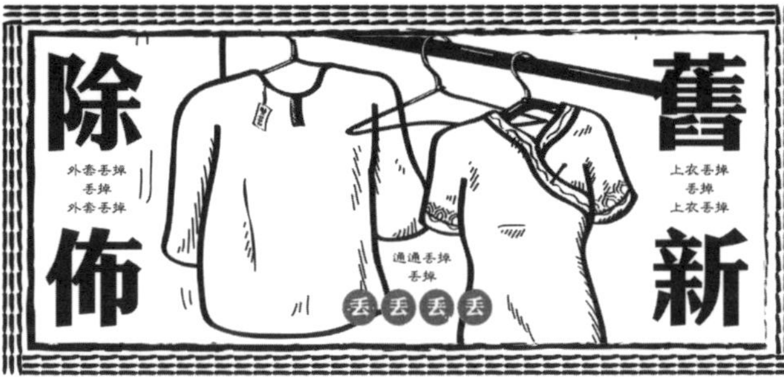
除
佈
外套丟掉
丟掉
外套丟掉
舊
新
上衣丟掉
丟掉
上衣丟掉
通通丟掉
丟掉
丟丟丟丟

800-1020
訓練班
套圈圈

徵求
≈≈到府煮麵≈≈
意者請洽 肚子餓的小陳
594–7272

凶宅
任你挑
火燒屋
特賣
不焦
不用錢

生活

我是生活智慧王

吸管剪花
可勾起穢物

吸管急先鋒，排水孔清潔溜溜

原理分析

利用吸管剪開後的斜邊尖角，勾起排水孔裡沉積的髮絲等穢物，即可恢復暢通。

宜

大掃除、清潔廚房浴室

忌

掉髮在洗手台、丟掉吸管

素材

吸管、剪刀、堵塞的洗手台

步驟

將吸管左右交錯斜剪開後，在頂端再剪一斜尖，伸入排水孔略加轉動

天下的堵塞水孔都怕這根小吸管

大家應都有家中洗手台排水孔堵塞的經驗，這往往是孔道內長時間累積了大量毛髮與各種碎屑的結果。知名家事達人秋美美女士推薦了一個既不需使用化學藥劑，又能輕鬆解決這個惱人居家問題的好辦法。

秋女士表示，市售的清潔劑可能減短水管壽命，並汙染環境。這

時只要將交錯剪花的吸管伸入排水孔，技巧性地轉動並施力，就能勾拉出堵塞物。如此省錢又省力的小撇步，即使是獨居的女生也能輕鬆辦到，再也不用苦苦等待水電師傅了。

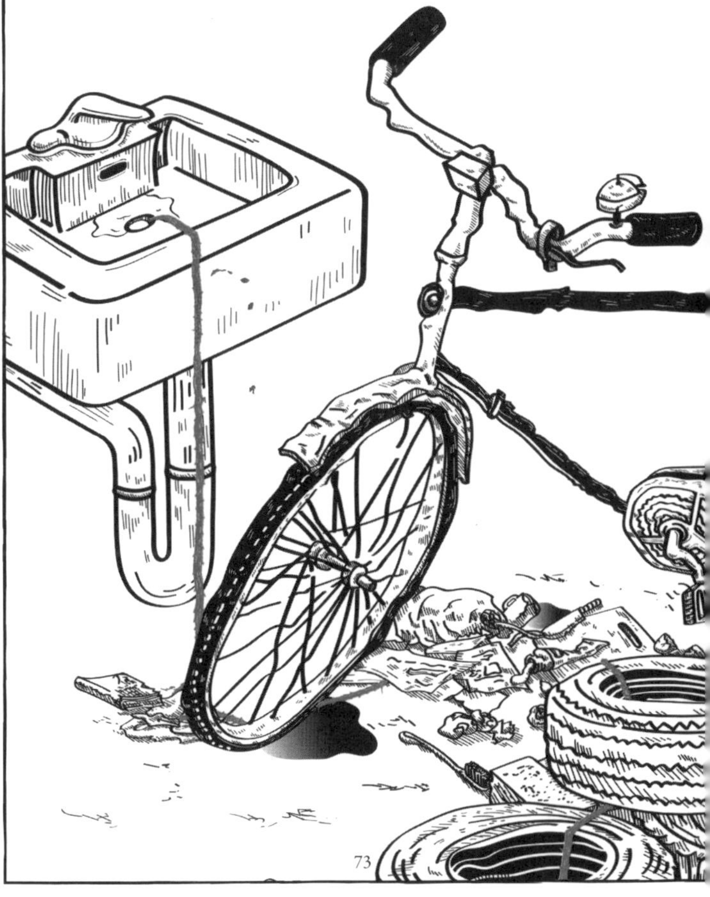

生活

我是生活智慧王

茶葉能有效
吸附異味

烤箱滿是魚腥味
茶香解套好芬芳

原理分析

茶葉有很強的吸附性，有助於除濕和消滅異味，同時可以釋放茶香，讓烤箱充滿清新氣味。

宜

清潔烤箱、保持清香氣味

忌

環境髒亂、把魚烤焦

素材

茶葉、沾染魚腥味的烤箱

步驟

將一茶匙的茶葉撒在烤箱的烤盤上，插電加熱三至五分鐘

媽媽遠距傳授，魚腥味烤箱得救了！

獨自遠赴挪威讀書的蘇姓少年，某天下課後到市場買了鮭魚，想要做鹽烤鮭魚當晚餐。少年依照媽媽傳授的料理方式，烤得很成功，簡直就像媽媽做的一樣美味。品嘗完鮭魚後，少年因為連日熬夜寫作業所累積的疲憊，不小心睡著了。未及時清理的烤箱，隔天開始散發出魚腥味，久久不散。

少年被異味困擾多日，尤其烤箱實在清潔不易，他只好打視訊電話回台灣向媽媽求救。透過媽媽遠距傳授的「茶葉除臭法」，蘇姓少年終於擺脫繞梁多日的魚腥味，日後又可以無所忌憚的大啖鮮美的挪威鮭魚了。

微波爐使用需知要看清

樂極生悲！湯匙爆炸案

新北市有一名九歲男童，因挖不動冰淇淋，竟異想天開，將湯匙放進微波爐加熱，差點引發爆炸。

微波爐加熱原理是，電磁場頻率與水分子的機械共振頻率相近時，會發生共振現象。水分子因劇烈運動而摩擦生熱，以加熱食物。但是金屬不但不能與電磁波共振，反而會反射變成雜亂的波動，容易造成電流短路、產生火花，甚至有爆炸焚毀的可能性。

迷信糾察隊

步驟 1.2.3

鍋子亮晶晶

家中使用多年的鍋具，難免會累積難以刷除的焦垢。而且鍋裡殘留食物，如果未洗乾淨即再使用，可能產生致癌物質。

想將鍋子徹底清洗乾淨，可在鍋裡倒入些許鹽，開火，用木匙乾炒至鹽變黑後，用廚房紙巾或布擦拭。最後將鹽和焦垢倒掉，以熱水洗淨鍋子。

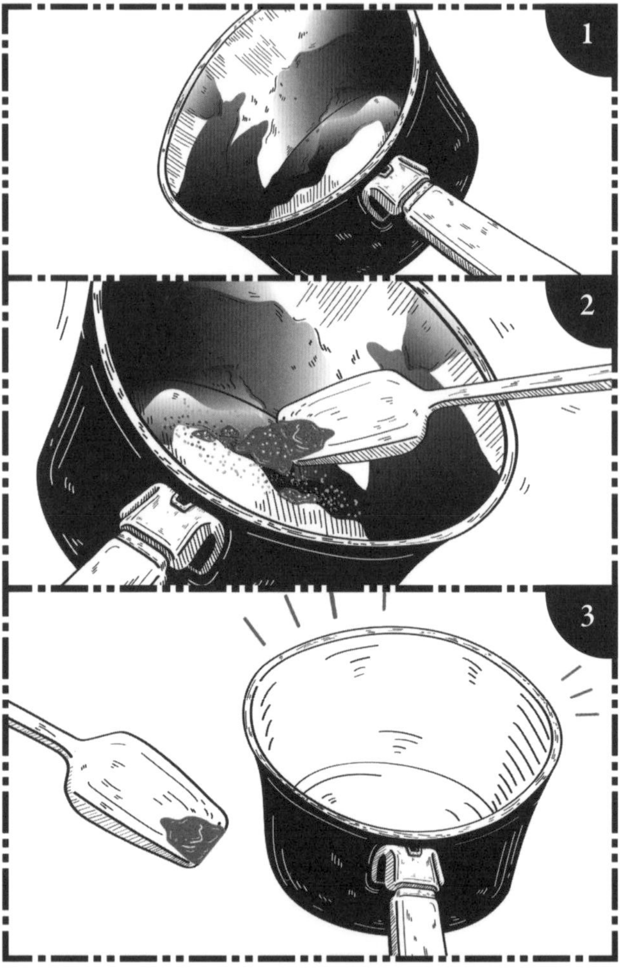

可沿虛線剪下，貼冰箱、貼案頭、更貼近你心！

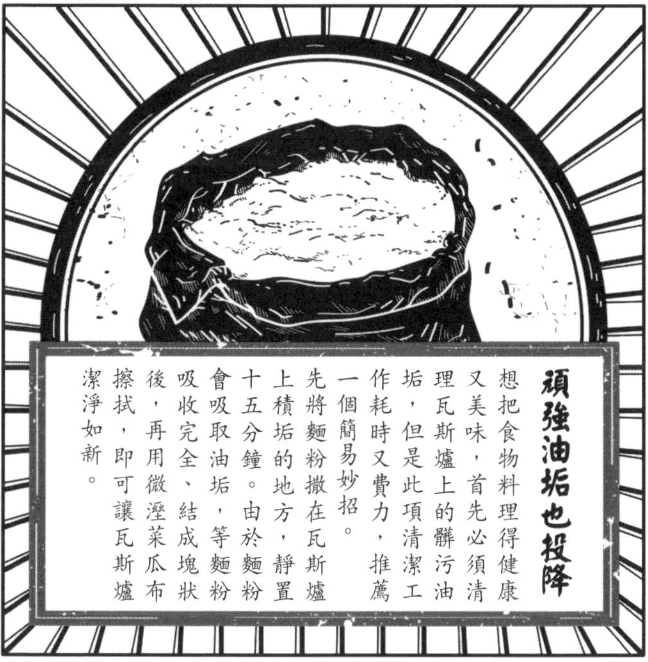

頑強油垢也投降

想把食物料理得健康又美味，首先必須清理瓦斯爐上的髒污油垢，但是此項清潔工作耗時又費力，推薦一個簡易妙招。

先將麵粉撒在瓦斯爐上積垢的地方，靜置十五分鐘。由於麵粉會吸取油垢，等麵粉吸收完全、結成塊狀後，再用微溼菜瓜布擦拭，即可讓瓦斯爐潔淨如新。

讓砧板潔白如新

食安問題頻傳，吃得安不安全、乾不乾淨，已成為一門重要課題。你家的砧板乾淨嗎？肉眼是看不出細菌多寡的，因此除了養成隨手清潔的習慣，最好定期以鹽醋水進行消毒。鹽醋水的殺菌威力強大，能殺死砧板上的頑固細菌，有效降低大腸桿菌的數量。

可沿虛線剪下，貼冰箱、貼案頭、更貼近你心！

鄉親都按讚

大家都稱讚，好廚師清潔不馬虎

上大學後，因為念的是餐飲科，進出廚房跟教室一樣頻繁。刀子跟砧板都是我們必備的工具，某天，老師教我們如何清潔自己的廚房用具，其中有一樣我覺得很特別。我們平時多是以洗碗精刷洗砧板，但其實砧板也是需要大掃除的，只要浸泡鹽醋水就可以有效消毒。讓大家吃得安心又開心是我們做廚師最滿足的事。

台北／徐小姐

正確料理程序
吃肉肉才能長肉肉

細菌四濺，恐污染食物

台北市內湖區有一名家庭主婦，燉煮雞湯給全家食用後，竟同時出現腹瀉與嘔吐狀況。婦人百思不得其解地表示，料理前她已仔細清洗過雞肉，怎麼仍會出問題呢？

醫生聽了婦人的描述後，立即糾正觀念：根據研究指出，生鮮雞肉容易攜帶彎曲桿菌或沙門氏菌，清洗過程中可能隨著水滴濺起，沾染到料理台上其他食物，進而引發感染，還可能有中毒的風險。最好的作法是先以七

十度以上的熱水川燙殺菌後，再進行烹調。

小蘇打水洗蔬果
省事又省心

以鹽水洗滌，農藥不減反增

清洗蔬果是個看似簡單，實則充滿細節的一門學問。目前有實驗顯示，以鹽水洗蔬果，無法去除殘留的農藥，因為鹽分會改變水的滲透壓，讓農藥更不容易釋於水中。農藥不只會持續附著在菜葉上，原本洗掉的農藥亦會再隨著水分滲透進蔬果。延長浸泡時間，則會使蔬果的營養流失。

如果想洗去農藥，可以烘焙用小蘇打粉製成小蘇打水。百分之九十的農藥為酸性，小蘇

迷信糾

打粉為鹼性，酸鹼中和後，即能加速去除蔬果上殘留的農藥。

我是生活智慧王

利用高溫
殺死塵蟎

烘衣機開起來，輕輕鬆鬆除塵蟎

原理分析

透過烘衣機的高溫，降低布偶溼氣，破壞塵蟎生存的環境，進而加速牠們的死亡。

宜

清潔房間、買新的床鋪

忌

不更換床單、枕頭套

素材

烘衣機、布偶

步驟

將布偶丟入烘衣機，以超過五十度烘半小時，再用吸塵器吸除灰塵與塵蟎

有錢難買不過敏
讓你家寶貝不再打噴嚏

住在台北信義區的貴婦錢小姐，平時對小孩疼愛有加，家裡還有專屬外傭瑪麗負責照顧孩子和整理環境。但再怎麼勤於打掃，孩子依然噴嚏不斷，瑪麗還因此被誤以為工作不力。為了洗刷冤屈，瑪麗決定找出讓孩子打噴嚏的元兇。

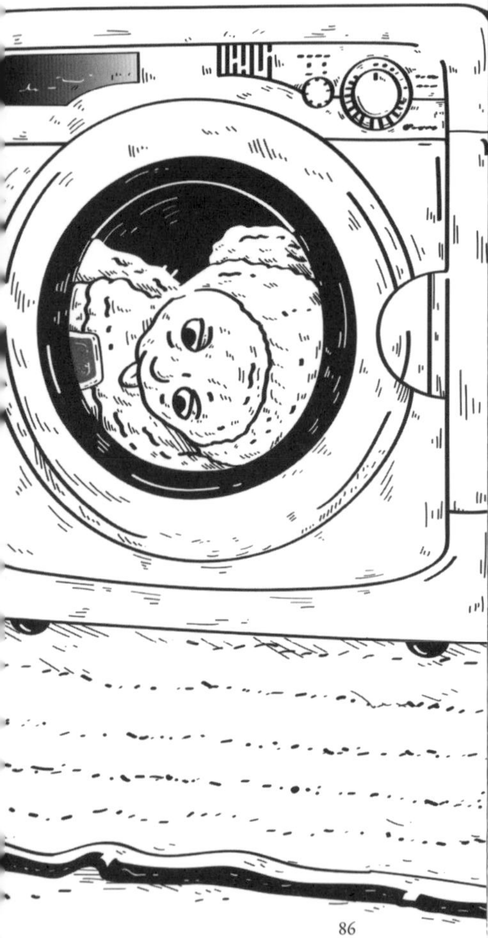

她上網搜尋，才得知原來是錢小姐平時買給孩子的布偶，沒有定期清除塵蟎，致使孩子起過敏反應。網友建議將沉積灰塵已久的布偶丟進烘衣機，最後再用吸塵器吸起灰塵與塵蟎屍體即可。瑪麗破案有功，最後還因此獲得錢小姐加薪放假的獎勵呢！

生活

●我是生活智慧王●

善用蘿蔔皮肉間的皮層

牙籤對上蘿蔔，蝦米完封大鯨魚

原理分析

蘿蔔表皮與果肉間有一道皮層，皮層細胞壁薄，容易讓外力介入，進而使皮肉分離。

宜

燉蘿蔔排骨湯、整理冰箱

忌

拿刀子切東西、栽種

素材

牙籤、尚未去皮的蘿蔔

步驟

蘿蔔洗淨後去頭尾，用牙籤在表皮劃線，露出皮肉間縫隙，即能用手剝除

家事達人示範削皮 電視台收視創新高

知名電視台最近新成立一個家事主題的談話性節目，首播就創下收視率新高。節目重金邀請到知名家事達人秋美美女士，現身傳授祕密絕活，現場的主婦粉絲早已滿懷期待。

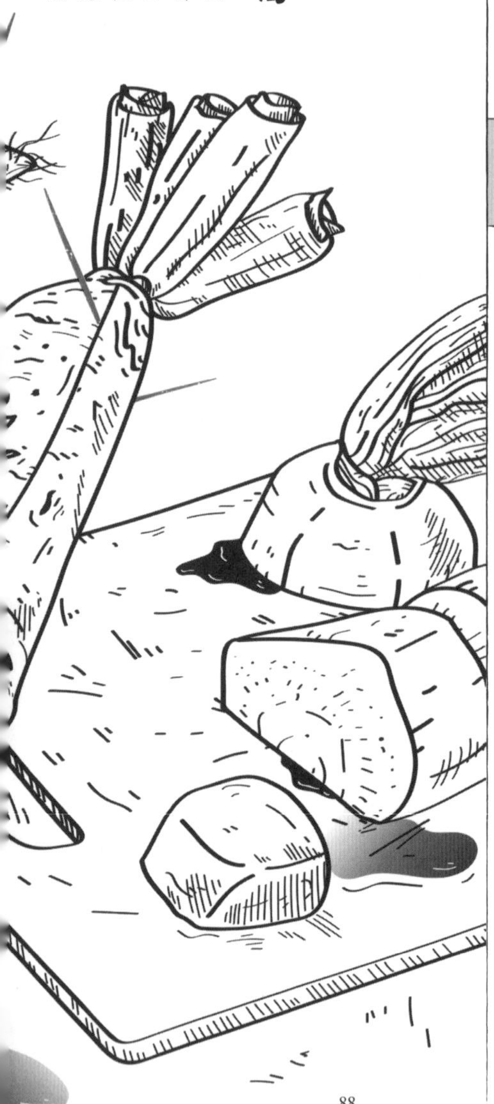

第一集是教大家如何快速去除蘿蔔的外皮。只見秋老師準備了一支牙籤，插入蘿蔔表面，筆直地重複劃二到三次。接著用拇指推進切口處，蘿蔔皮就慢慢被完整推離。

現場粉絲看了都大為驚異，真呼：這真的太神奇！秋老師不禁得意地說，只要一支牙籤，就能讓婆婆媽媽成為優雅主婦喔！

鄉親都按讚

甩掉削皮器，菜頭也能光溜溜

我是一家便當店的老闆娘，常常需要親自買食材、備料、烹調菜色。有一次在準備煮蘿蔔排骨湯當作配湯時，女兒突然湊過來，說有一種快速去皮法。平時我都是使用一般削皮器，沒有把女兒的話放在心上。直到某次找不到削皮器，便用她的「牙籤剝皮法」試試看。沒想到三兩下就清潔溜溜了，方便俐落。將來備料時，又可以更快速了！

新莊／連小姐

步驟 1.2.3

香蕉不老傳奇

苦惱買來的香蕉只存放一兩天就過熟了嗎？香蕉和多數蔬果一樣，都會釋放無色無味的乙烯氣體以催化果實熟成，因此乙烯又稱催熟激素。

香蕉主要由果柄處釋放乙烯，因此只要使用保鮮膜，把香蕉果柄處包覆密封，如此一來，就能延緩香蕉被乙烯催熟的時間，進而達到保鮮的目的了。

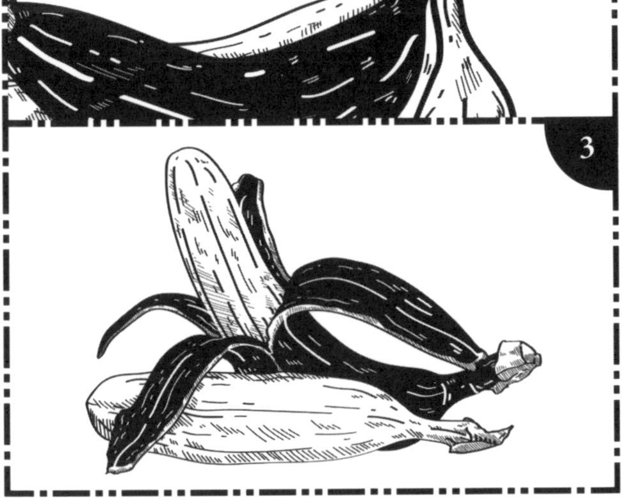

大家來找碴

（找出兩圖共有幾個相異處）

國際切漢堡大賽 誰與爭鋒

知名速食業者舉辦切漢堡大賽，參加選手除了去年的冠軍得主，連國際布丁扣盤大賽的冠軍陳影也加入競逐。比賽開始後，只見陳影先把漢堡丈量了一番，再丟向空中，打算使用手掌切法，就在眾人屏息以

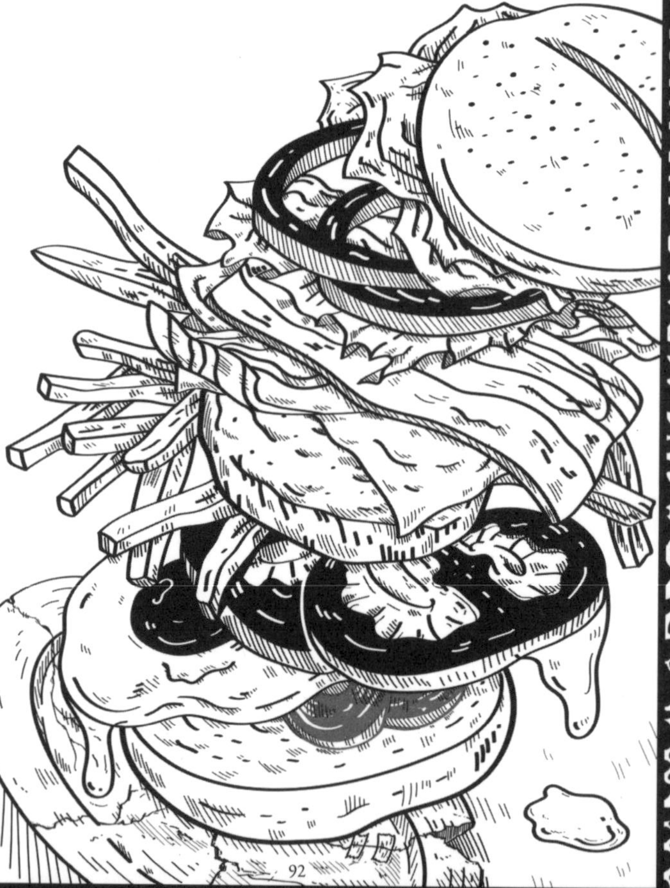

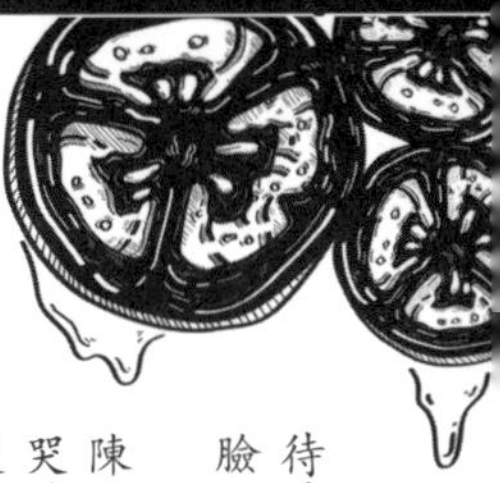

待時，漢堡竟然直接掉在他的臉上！

陳影挑戰失敗，就在他嚎啕大哭時，去年的切漢堡冠軍林元使出新招，他先將漢堡包好，接著拿出尺朝漢堡中間一切，即切出完美的比例。這時，評審們紛紛露出微笑，舉出滿分十分的牌子。

解答：6個

香水再香也沒輒　換來滿頭枯稻草

想遮掩油頭，只會欲蓋彌彰

只有懶女人沒有醜女人。住在八里的張小姐懶惰又不愛乾淨，只要隔天不需要上班，她就不洗頭，有時還會在頭上直接噴香水，想藉此去除油頭味。

長期下來，香水的酒精成分不但傷害頭皮，酒精揮發後還會將頭髮中的水分帶走，使頭髮如稻草一般，乾燥無光澤、脆弱易斷。而且當香水與頭皮上的油脂混合時，所產生的異味更是讓人忍不住作嘔，嚴重影響張小姐

迷信糾察隊
的人際關係。雖然香水短時間內可以稍
微掩蓋臭味，但使用不當，會嚴重影響
身心，得不償失。

沾染經血好尷尬
正確洗滌看這裡

女友大姨媽來，當街耍脾氣

網友在餐廳拍到一對情侶吵架。男生對女生來來回回問了很多問題，女生都跳針地回：「我不要。」這時男友淡定地說：「還是我們分手？」女友回：「不要！我大姨媽來，不要煩我！」並怒賞男友一巴掌。一直保持淡定的男友說：「我不要跟你在一起了。」且真的轉身離開，一去不回頭。

女生急著挽回男友，一起身，才發現褲子沾到經血。網友因此戲稱女生為「不要妹」。

甚至還肉搜她的近況，發現她之後仍持續穿著那件褲子，上頭還隱約留有血跡。看來她的褲子跟男友一樣，都回不去了。

熱水洗血漬，愈洗愈髒

女生生理期一來，難免會沾染經血，即使反覆刷洗還是容易殘留血漬在內褲上。想要洗淨沾到經血的內褲應避免使用熱水，因為經血含有蛋白質成分，熱水會使蛋白質凝固，導致更不易清洗乾淨。

一般內褲如果直接丟進洗衣機清洗，則要特別注意，女生如果有分泌物，男生如果有夢遺的蛋白分子，要先用清潔劑簡單刷洗，否則容易有一層生物膜附著在上面，導致細菌滋生。

咦?
媽！

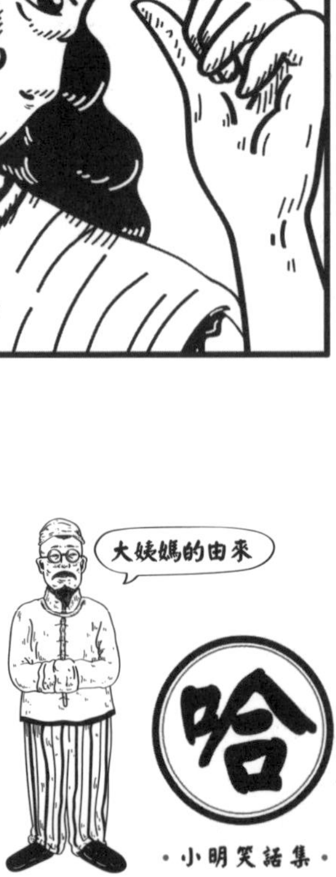
大姨媽的由來
哈
·小明笑話集·

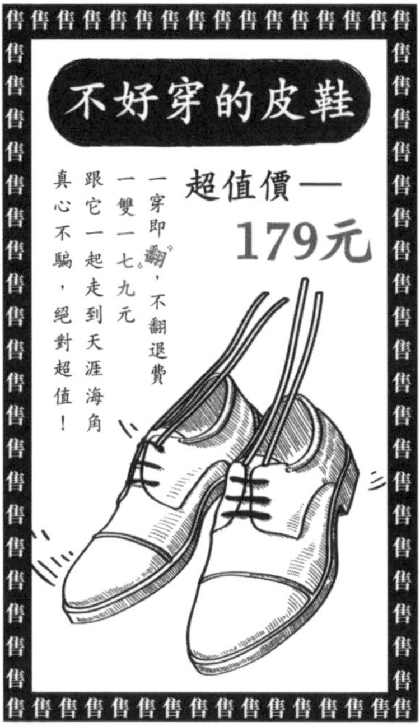
售
不好穿的皮鞋
超值價——
179元
一穿即翻，不翻退費
一雙一七九元
跟它一起走到天涯海角
真心不騙，絕對超值！

節約用水
一起節約用水保護生態環境

螞蟻崛起
四屆蟻后 美美蟻
兩屆蟻王 率率蟻
領銜主演
導演 紅馬蟻
爬滿你的家
亞洲第一好片
入戲院來看
我告訴你
這是誰的地盤

不自在
衛生棉
優惠訂購專線
0800-995995
救救我救救我

國貨
優良出品
愛國牌除毛刀
愈刮愈長迷死人
讓你不再毛骨悚然

家庭主婦都大力推薦的裝飾牌，這生必買！
裝飾牌三大優點：
㊀冬冷夏熱
㊁超耗電
㊂價格不便宜
安裝要錢！
保固一天！
裝飾牌
售價：168888 讓你一路發
裝飾牌冷氣機

醫療篇

醫療

●我要健康又美麗●

迷迭香
消除脹氣

迷迭香精油，消解滿肚子脹氣

原理分析

迷迭香是用途廣泛的香草植物，它的花與子具有消除胃腸脹氣、幫助睡眠、活化腦細胞的功效。

宜
睡覺、舒緩壓力

忌
高血壓者、嬰兒與孕婦使用

素材
迷迭香精油

步驟
滴數滴迷迭香精油在手掌心，雙手搓熱，在腹部畫圓按摩

自己的脹氣自己救 請你跟我這樣做

你也有腹部脹氣的困擾嗎？一脹氣就渾身不舒服，心情也跟著受影響。圈叉電視台外派記者專訪精油達人陳阿東先生，教你在家也能自製簡易迷迭香精油治療脹氣喔！

首先，將迷迭香塞滿長型的小玻璃瓶中，再滴入橄欖油，直至蓋過迷迭香的高度，最後用軟木塞將小玻璃瓶封好，靜置陰涼處二到三天，天然又安全的迷迭香精油就這樣製作完成了。

阿東先生表示：脹氣時以迷迭香精油按摩腹部，就可以舒緩難受的腹脹感。因為這則專訪，阿東先生瞬間成為家庭主婦崇拜的偶像，還幫他成立粉絲團呢！

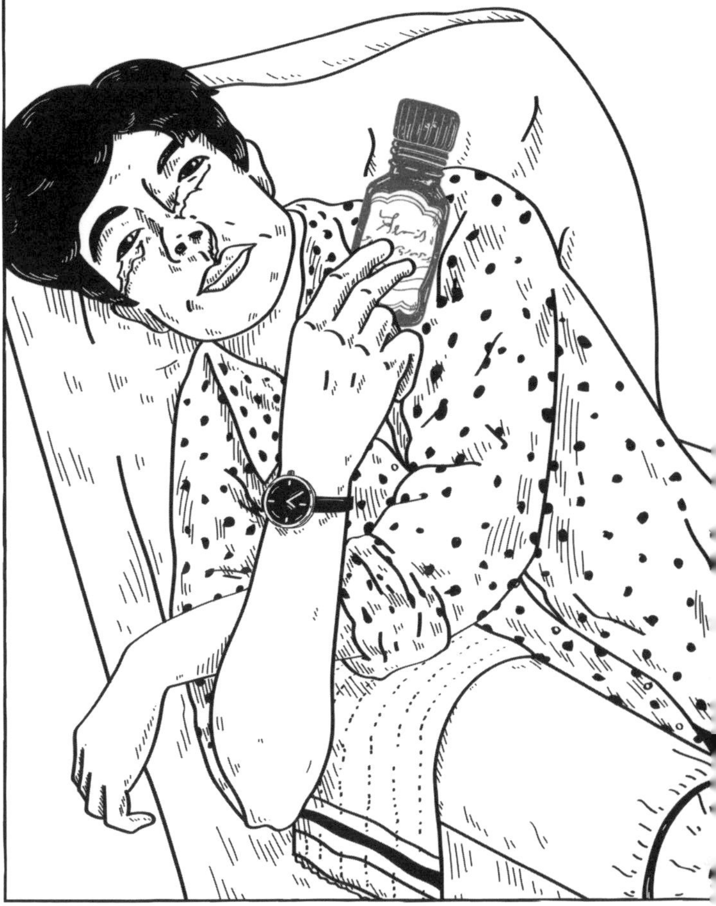

醫療

●我要健康又美麗●

山藥幫助腸胃吸收

山藥排骨熬湯，順口又順腸

原理分析

山藥含有澱粉酶、多酚氧化酶等物質，能健脾益胃，有利消化吸收。

宜

爬山、運動、孝順媽媽

忌

食用過量、糖尿病患者食用

素材

山藥、枸杞、紅棗、薑、排骨

步驟

排骨川燙，與山藥等食材放入電鍋，以鹽調味，加水蓋過食材，同煮即可

世上只有媽媽好！愛心湯改善腸胃不適

阿榮從小就是家裡最會讀書的小孩，每次都名列前茅，一路讀到了博士，畢業後也很順利地錄取遠在德國的國際大企業。但是阿榮從學生時期就有腸胃的毛病，每次考試前腸胃就會不聽使喚地躁動。

第一次離鄉背井，媽媽難免會操煩他獨自在國外，萬一不舒服該如何是好。腸胃藥雖然成效快，難免對腎造成負擔。於是媽媽教他煮山藥排骨湯，當腸胃病又犯的時候煮來喝，暖暖胃、暖暖身，也可以回味媽媽的好手藝。

很快地又過年了，阿榮滿心期待回

到台灣，遠遠地看著家，看著在庭院打掃的媽媽，忍不住喊：「媽！我阿榮啊，我回來了！」母子倆很激動地相互擁抱，一起進門吃團圓飯，餐桌上當然也少不了媽媽的山藥排骨湯。

醫療

我要健康又美麗

蜂蜜退火
助排便

蜂蜜甜蜜蜜，腸胃跟著笑瞇瞇

原理分析

蜂蜜屬於涼性食材，有助於退火，有便祕困擾時，喝蜂蜜水可以發揮潤腸、滑腸作用，幫助排便。

宜

緩解疲勞、調理腸胃

忌

與李子共食

素材

蜂蜜

步驟

直接食用蜂蜜，或是加入溫水，攪拌均勻後飲用

養蜂嬤之子接手事業，佳評如潮銷售第一！

阿春嬤製作的「甜蜜蜜蜂蜜」是全台數一數二的高級珍品，逢年過節常銷售一空，但是年紀愈來愈大的阿春嬤體力已經遠不如前，蜂蜜產量逐年下降，買的人也愈來愈少了。

阿春嬤的兒子阿瑋，不忍心媽媽這麼辛苦，也不捨耕耘這麼久的蜂蜜事業就此沒落，決定接手經營。

阿瑋一邊養蜂生產蜂蜜，一邊結合電視購物頻道行銷，主打飲用蜂蜜不但可以變得水噹噹，還能改善便祕問題。產品一上線立刻獲得熱烈迴響，還登上當月銷售冠軍，讓阿春嬤的蜂蜜事業轉型成功，再創高峰！

醫療

●我要健康又美麗●

核桃

潤腸通便

核桃來相救，消化通暢不塞車

原理分析

核桃仁富含脂肪油、蛋白質、碳水化合物等物質，具潤腸通便的功用，長期食用效果更好。

宜

回饋社會、吃素

忌

不喝水、蔬菜水果吃太少

素材

核桃、核桃鉗

步驟

購買未經調味的完整核桃，以鉗子敲開外殼後食用

女學生便事不順 比丘尼出手相救

近期有一則比丘尼拯救女大生的新聞。一名蛋薑大學的陳姓女同學，某日準備從圓山捷運站搭公車回家時，突然腸胃不適，趕緊衝向站內的公廁。陳姓女同學長期有便祕問題，腸胃不適又解不出來，她一時難忍而發出了呻吟聲。

此時正好有一名比丘尼進入公廁，聽見陳姓女同學的呻吟聲，在追問詳情後，

立馬拿出核桃，一邊遞給陳姓女同學一
邊開示：「年輕人啊！千萬不要只吃肉
不吃菜啊！吃下核桃，讓它告訴妳的腸
胃，便祕，假的！」比丘尼說完即像陣
煙離去。陳姓女同學吃下核桃後果真順
利上完廁所，對於幫助她的比丘尼充滿
感謝，陳姓女同學說：「這個社會還是
有溫暖的。」

醫療

●我要健康又美麗●

生薑促進胃腸蠕動

薑薑薑薑！腸胃蠕動將將好

原理分析

生薑含有姜酚，而姜酚能夠刺激唾液、胃液和消化液的分泌，加促胃腸蠕動，增進食慾。

宜

徵友、抽獎

忌

肝火過旺者食用

素材

生薑

步驟

將生薑洗淨後切片食用，咀嚼出薑汁後再將渣滓吐出

生薑暖男參加公司尾牙，竟抽中萬元大獎！

阿虎在公司是個熱心又有正義感的人，大家都稱他為「好人好事代表」。今年年終時老闆請吃尾牙，但同事們臉色都不是很好，阿虎向前關心，才知道因為正值年終，大家吃太多攤，導致腸胃不適，食慾也大受影響。

這時阿虎拿出自備的生薑片，發送給大家。同事試吃後讚聲連連，忍不住在尾牙現場幫他徵友，希望阿虎可以早日找到真愛，好心有好報的阿虎最後還抽中最大獎紅包十萬元呢。

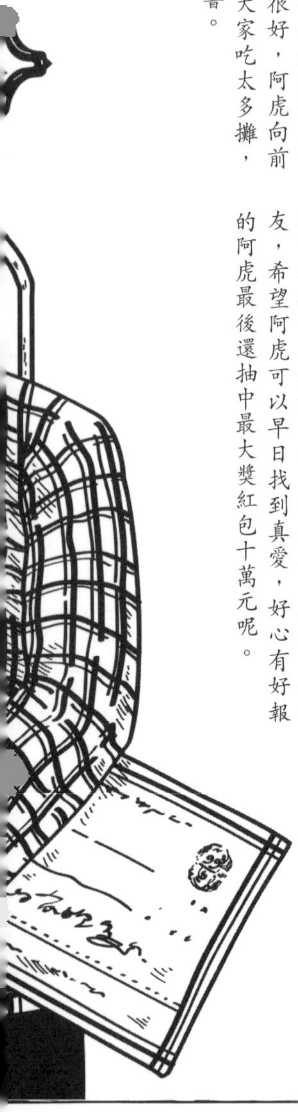

大夫掛保證

郭祐睿醫師
澄明中醫診所院長

核桃可以改善便祕？

除了胃腸積熱上火的患者，大部分有便祕困擾的人都可以食用核桃幫助排便。因為核桃含有豐富的核桃油和大量粗纖維，核桃油能軟化大便，潤滑腸道，粗纖維能吸水膨脹，刺激腸道運動，進而改善便祕。此外，核桃裡還含有卵磷脂等營養成分，能促進神經細胞生長。不過核桃含有大量油脂，食入過多可能導致肥胖，每天最好不超過十顆。

大夫掛保證

生薑能促進胃腸蠕動？

吃生薑可以增進胃腸蠕動、加強食慾、殺菌消毒、防暈車止吐、抗氧化抗癌等。生薑含有蛋白質、多糖、維生素和多種微量元素，還富姜油酮、姜酚等生理活性物質，具有祛寒、祛濕、暖胃、加速血液循環等多種保健功能。飯前吃幾片生薑，可刺激唾液、胃液和消化液分泌，促進胃腸蠕動，提高食慾，生薑還能有效對抗沙門氏菌，降低罹患腸胃類型病症的可能。

大家來找碴

（找出兩圖共有幾個相異處）

嘗點甜頭，消炎止血好療傷

如果你有創傷性的小傷口，可以在消毒殺菌後，於傷口處抹上少許蜂蜜，能幫助止血、預防發炎，緩解腫脹跟疼痛感。

蜂蜜含有大量生物素，對於促進傷口處的代謝有滿好的功效，能讓傷口在短時間內長出新肉芽，這樣自然就癒合得更快。
解答：6個

雞蛋滾瘀青 可能延誤傷勢

誤信民俗偏方，媽媽懊悔不已

在新北市就讀幼兒園的小花，某天跟同學溜滑梯時，不慎在腳上撞出偌大瘀青，讓媽媽看了好心疼，趕緊拿了顆水煮蛋，在女兒腳上滾一滾，不料幾分鐘後傷口似乎愈來愈嚴重，這才趕緊帶著女兒上醫院。

醫生得知小花媽媽以雞蛋幫女兒滾瘀青後，立即告知這個方法已過時，甚至會有副作用。醫生建議可以先冰敷，再熱敷。媽媽這才恍然大悟，回家後隨即以毛巾幫小花熱敷，並

叮嚀以後玩遊戲要小心安全！

過時老方法，小心微血管破裂

小時候身體瘀青時，父母總是心急如焚，拿水煮蛋在瘀青部位來回滾動，說這樣好得比較快。但其實這樣做，不僅不能化解瘀青，反而會讓微血管破裂得更嚴重。

正確方法是先以冰敷袋置於瘀青處，再用熱毛巾熱敷。其原理是以冰敷止血，觀察瘀青處一段時間，若出血部位未再擴大，再以熱敷的方式促進局部血液循環和血塊吸收。下次遇到同樣狀況，就用這個好方法吧！

魚刺卡喉嚨 喝醋無濟於事

魚刺驚魂記，老翁險灼傷食道

彰化鹿港鎮有一位阿公，吃飯夾取魚肉時，未發現還殘留魚刺，就這樣不小心把魚刺吃進去，結果卡在喉嚨上！當時只有阿嬤在身邊，立即要阿公喝一點醋，卻沒發揮作用，阿公依然很不舒服。

阿嬤心急如焚，趕緊打電話給女兒，女兒聽了大驚，要她趕緊帶爸爸去看耳鼻喉科。等醫生順利取出魚刺，驚魂未定地回到家後，女兒再三提醒媽媽，醋不僅不能溶解魚刺，

還可能灼傷食道。阿嬤連連點頭稱是，說她記住了。

有鯁在喉？看醫生最快！

吃飯時，若不小心讓魚刺鯁在喉嚨，該怎麼辦呢？喝醋，是很多人都試過的方法，但其實這個方法不僅無法軟化溶解魚刺，還暗藏危險。

由於醋具侵蝕性，可能會灼傷食道。那應該怎麼做呢？首先，冷靜咳個幾下，若仍出不來，就直接求診耳鼻喉科，尋求醫生協助，這是最保險的方法了！

醫療

●我要健康又美麗●

冰敷緩解
叮咬癢感

惱人紅豆冰，簡易冰敷好得快

原理分析

冰敷可降低表皮溫度，幫助血管收縮，輕微消腫，舒緩發炎，進而減少騷癢感。

宜

消暑、和解

忌

吵架、離家出走

素材

冰塊、冰敷袋

步驟

將冰塊放進冰敷袋，敷在蚊蟲叮咬處三至五分鐘

姊弟遊戲卻釀成誤會 幸手足情深冰釋前嫌

新北市新莊區一對陳姓姊弟在家中吵架，甚至大打出手，最初只是因為弟弟搶了姊姊的玩具，後來卻一發不可收拾。衝突的引爆點，是姊姊看見弟弟被蚊子叮咬，為了幫忙止癢，出手拍打弟弟。弟弟以為姊姊是為了報仇，更加生氣，忍不

住朝姊姊的臉捶下，她因此難過得奪門而出……，心急的爸媽趕緊聯繫姊姊的朋友，最後才在朋友家找到人。

回家後，姊弟倆解開誤會，弟弟為自己的行為道歉，姊姊接受道歉後，從廚房拿出冰塊，幫弟弟冰敷被叮咬的部位。兩人最後破涕為笑，和好如初。

大夫掛保證

如何降低蚊蟲叮咬癢感？

如果被蚊蟲叮咬後，實在癢得受不了，可以在紅腫區塗抹抗組織胺，或是服用抗組織胺藥物。只要尋找含有鹽酸二苯胺明的藥品即可，例如苯海拉明，藥膏和藥丸都容易買到，價格也不貴。低溫也可以減緩組織胺引發的癢感，若手邊沒有抗組織胺藥物，以冰塊或冰水代替也有不錯的效果。

植物世界
全台最大植物店
地址：三重區新星路十七號一到一百樓

珍功夫
搖搖搖
超好喝的
台式珍奶
喝過保證
找不到
更好喝的

最新款手機
喜歡要買者
可能買不起
NT：
1999999元
絢麗上市

"急"徵求!!!!!!!!
生日慶祝員!!!
你喜歡唱生日快樂歌嗎?
喜歡的話盡快與我們聯絡
歡樂專線：
1234-9453-943

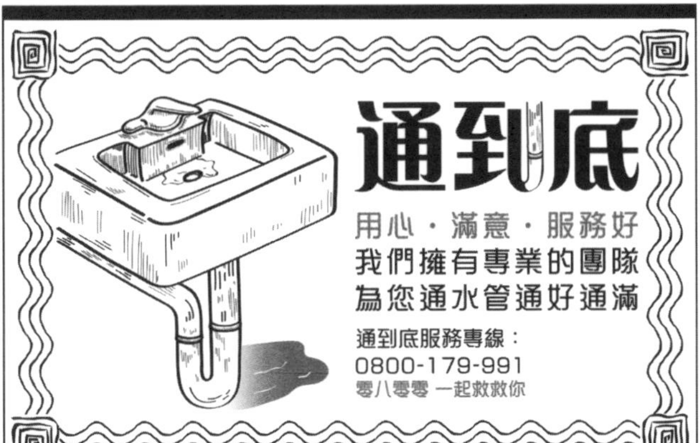
通到底
用心・滿意・服務好
我們擁有專業的團隊
為您通水管通好通滿
通到底服務專線：
0800-179-991
零八零零 一起救救你

止癢妙招
真假大解密

校園美女白嫩美腿慘變紅豆冰

凱西是斧人大學四年級的人氣美女，身材姣好、氣質出眾，校園美女年曆總有她的身影，今年也不例外。這是她最後一次參與拍攝，但是因為這個夏天特別溼熱，凱西原本白皙的雙腿被蚊子叮得像紅豆冰一樣，讓她很是苦惱。

朋友建議用藍筆圈畫被叮咬處，說可以消腫止癢，單純的凱西信以為真，兩條腿圈得到處都是，還惹得旁人用異樣的眼光看她。後來她才發現根本沒用，被朋友耍得團團轉。

隔天她趕緊到皮膚科求診，醫生一聽到她使用的偏方不禁大笑，說這根本是天方夜譚。醫生建議還是乖乖擦綠油精跟冰敷，不要亂抓，以免留下疤痕。

坊間小撇步不可思議！

你是不是曾經聽過，若被蚊子叮咬，拿油性藍筆把該處圈畫起來，就可以利用藍筆中的化學物質消腫止癢；或是以手指甲在被叮咬處壓出十字印痕，藉由指甲下壓的刺痛感蓋過搔癢感。

使用這些方式時，常常因一時的心理作用，以為成效很好，但其實都不是正確方法。原子筆墨水完全沒有藥效，無法讓皮膚止癢與消腫，而在被叮咬處按壓十字，也只是在短時間內刺激神經，不能治本。

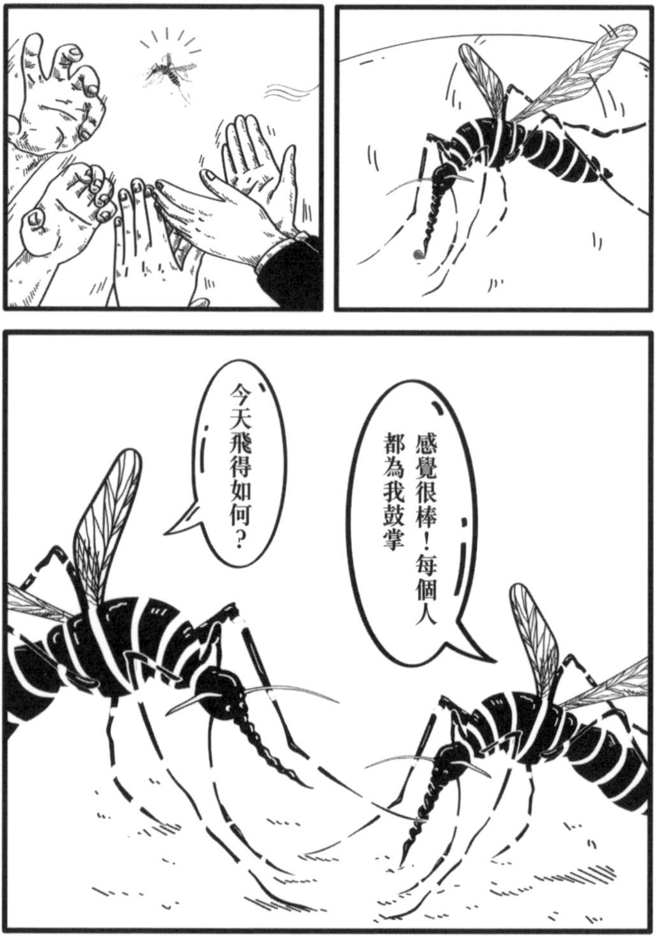
今天飛得如何？
感覺很棒！每個人都為我鼓掌

可沿虛線剪下，貼冰箱、貼案頭、更貼近你心！

拍打輕鬆止癢

許多人都曾經有過出遊時忘了帶防蚊液，被叮咬得全身紅豆冰的經驗。被叮咬處往往搔癢難忍，因此容易留下抓痕與小疤。這時只要重複拍打被叮咬的部位，就能達到止癢的效果。原理是讓拍打產生的刺痛感蓋過紅腫的癢感，如此一來，就不必擔心會抓到破皮流血，留下不好看的疤痕了。

按摩舒緩經痛

生理期疼痛，是許多女生難以忍受的折磨，有些人甚至會痛到在床上打滾。這時除了可以喝熱飲減輕不適並撫慰心靈，也可以藉由指壓達到緩解的功效。

只要以雙手指腹按摩位於腹部臍下四寸的子宮穴，稍加施力，緩緩按揉，直至有痠脹感。按摩此穴位可以活血化瘀，進而緩解經期疼痛。

可沿虛線剪下，貼冰箱、貼案頭、更貼近你心！

不一樣鴨肉
鴨肉不一樣
不賣鴨肉只賣肌肉
口以不要吃我嗎
巴托巴托寨!
美味專線
995-5555

徵求證人
凡具有正義感之淑女紳士
歡迎您擔任鄉民曆的證人
只要看見我們的真心
您就是最好的證人

生猛
釣你胃口
鮮肉直達
今夏最潮活跳跳鮮魚
有在健身，肉質鮮嫩多汁

尋人
不存在的女朋友
Non-existent girlfriend
如果你符合條件，請跟我聯絡
(5487-520)
臉蛋美麗
身材火辣
家裡有錢
高學歷
個性溫柔善良
賢慧顧家

我把蘿蔔
分屍了
永不上映
一起來切蘿蔔吧

醫療

●我要健康又美麗●

木瓜
助經血排出

木瓜酵素，順經止痛很簡單

原理分析

木瓜中的木瓜酵素能幫助經血順暢排出，還能刺激女性荷爾蒙的分泌，有助豐胸。

宜

放手祝福、說好話

忌

與蝦、南瓜、油炸物共食

素材

木瓜

步驟

將新鮮木瓜洗淨剖半後，去籽，即可食用

劈腿男為挽回女友竟半夜偷挽瓜

新北市樹林區昨日深夜，有名年約四十的潘姓竊賊，因為被女友發現自己劈腿，竟趁鄰居出遠門時，偷拔鄰居庭院結得又大又紅的木瓜，想藉此讓女友透過食用木瓜緩解經痛，深刻感受到他的體貼用心，進而原諒他。

但不是每一則故事都能快樂收場。潘姓竊賊的女友一得知消息，不但沒有感動落淚，還馬上提出分手。為愛鋌而走險的潘姓竊賊，即使後悔不已，也只能乖乖被警察拷上手銬了！

醫療

●我要健康又美麗●

優酪乳
穩定神經

優酪乳顯神通，身心好平衡

原理分析

優酪乳含有大量的鈣，而鈣可以穩定神經，幫助體內電離子維持平衡，達到舒緩經痛的效果。

宜

交男友、當媒婆

忌

空腹飲用、喝太快

素材

優酪乳

步驟

從冰箱取出優酪乳，放置一段時間，退冰後飲用

小資女強忍經痛，同事溫柔照顧

姿姿是剛投入職場的社會新鮮人，這天她正值月事，痛得趴在桌子上，但因為仍是新人，不好意思開口請假。這時坐在隔壁的男同事上前關心，才知道原來她那個來，立刻衝出去買了一瓶優酪乳，遞給姿姿。

那個來不是不能喝冰的嗎？男同事向姿姿解釋，其實優酪乳含有大量的鈣，能幫助體內的電離子平衡，進而減輕經痛——這都是他前女友跟他說的。姿姿一口一口慢慢地喝，漸漸覺得舒服多了。後來，姿姿和男同事很快建立了好交情，成為富革命情感的工作搭檔。

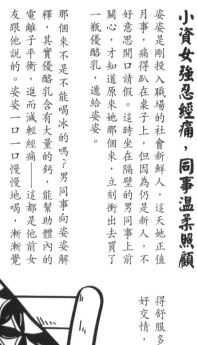

大家來找碴

（找出兩圖共有幾個相異處）

生薑貼臍，熱風吹走痛痛

生理期不舒服的時候，可以用吹風機對著腹部吹五至十分鐘，屬於熱療法的一種。

若想加強效果，還可以在肚臍貼上生薑片，再使用吹風機。生薑具有舒緩止痛、温中散寒等功效，也能緩解不適。
解答：11個

步驟 1.2.3

養生茶飲解經痛

大姨媽來訪時，總是特別虛弱無力的女生，只要以簡單食材就可以熬煮出緩解不適的養生飲品。

先將紅棗洗淨，在表面劃幾刀；老薑洗淨後帶皮切小塊，用刀背拍扁，一同放進鍋中，加水煮滾後轉小火，續煮十至十五分鐘，起鍋前依個人口味加入適量黑糖，略加攪拌即可。

薑棗黑糖茶能舒緩經痛？

月經，是子宮內膜剝落所形成，而子宮會收縮以促進經血排出。如排出不順，易有痛經等症狀。想要舒緩月經帶來的不適，可以飲用薑棗黑糖茶，具有溫經散寒的功效。黑糖性甘溫，有活血散瘀、緩解疼痛的功效；紅棗能養氣補血；薑則可以溫經散寒、舒緩疲倦感。寒性與一般體質可以適量飲用薑棗黑糖茶。但是熱性體質及經血過多者，則要注意不能過量，宜先諮詢過中醫師再飲用。

狂吃巧克力 小心適得其反

許多女孩深受經痛的困擾，坊間流傳吃巧克力能減緩疼痛，但這真的萬無一失嗎？吃甜食會刺激腦內啡生成，讓人產生愉悅感，降低經期可能產生的負面情緒；且巧克力中的鎂成分可以舒緩經痛。

但若吃太多巧克力，咖啡因攝取過量，反而容易刺激子宮血管收縮，加重疼痛感。而且巧克力潛藏的熱量，仍可能造成肥胖。因此對咖啡因特別敏感，以及在意身材的女孩，應酌量攝取，不宜過量。

迷信糾察隊

醫療

●我要健康又美麗●

火龍果
清熱降火氣

拒當臭嘴人，吃火龍果不上火

原理分析

火龍果是涼性水果，具有清熱去火、止咳護嗓與潤肺等功效。

宜

心平氣和、微笑

忌

暴怒、罵髒話

素材

火龍果

步驟

將火龍果洗淨去皮，切塊後食用

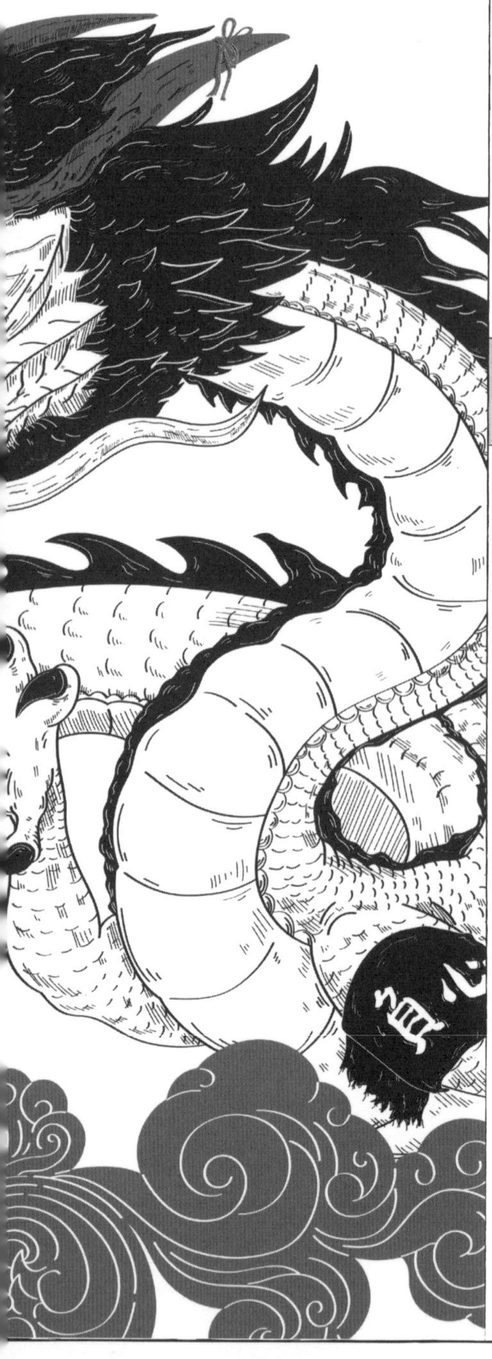

熬夜趕作業
高職女生變身噴火龍

台北私立負心高職是許多喜愛設計創作的學生的理想學校，但是因為課業壓力重，學生常需要熬夜趕作品，導致體質燥熱，脾氣跟口氣都不佳。

就讀廣告科高一的王小美，也因為如此，原來吹彈可破的皮膚長滿痘痘，幾乎快變身為噴火龍，連心儀她的男生都不敢靠近了。正值青春年華的她，於是決定趁著暑假下鄉陪伴外婆，同時遠離壓力。外婆一看到小美就不斷叨唸，並馬上切了一盤火龍果，說可以清熱去火，還能幫助腸胃蠕動。經過一週的水果滋潤，小美終於又漸漸變回原來的美少女，不再是教人却步的噴火龍！

醫療

我要健康又美麗

冰敷眉間
收縮血管

流鼻血別慌張，低頭捏鼻與冰敷

原理分析

在眉間位置進行冰敷，有助鼻腔附近血管收縮，能抑制流鼻血。

宜

止血、消腫

忌

挖鼻孔、吃燥熱的食物

素材

紗布、冰塊、冰敷袋

步驟

讓頭部稍前傾，將紗布塞於鼻孔，捏著鼻翼，用冰敷袋置於眉間約十分鐘

國小體育課見血
保健室阿姨真專業

北市北虎國小某班級上體育課時玩躲避球，原本學生們都很專心地聽老師講解比賽規則，但是開打後，學生們宛如脫韁的野馬，幾乎玩瘋了。為了求勝，主攻的同學未遵守遊戲規則，因此打到一位女同學的鼻梁。女同學當場流鼻血，還嚇得嚎啕大哭。闖禍的同學趕緊道歉，並陪她到保健室。

女同學因為怕血，一路上仰著頭，不讓鼻血流出來。到保健室後，他們很疑惑地看著保健室阿姨的處理方式。阿姨不疾不徐地請女同學頭部稍微前傾，先用紗布塞在鼻孔內，再以食指與拇指捏著鼻翼，最後將冰敷袋置於眉間約十分鐘，讓鼻血完全止住。兩位同學頓時覺得保健室阿姨真是既聰明又温柔。

大夫掛保證

流鼻血時該怎麼辦？

最容易流鼻血的位置是在鼻中膈前方約二至三公分處，因為這裡血管最多，出血機率較高。正確的止血方式是，頭部保持正常直立或稍微前傾，捏住鼻翼，壓迫約五到十分鐘。須注意的是，非捏住鼻梁位置，因為鼻梁旁邊都是硬骨，壓迫不到裡面的鼻黏膜。這是一般人常犯的錯誤。同時冰敷額頭眉間、鼻梁或臉頰。藉由皮膚遇冷時能使血管收縮，以達到止血的效果。

強烈徵求　很會煲湯者
每天熬湯給我喝
沒有薪水
只有我的稱讚
洽詢電話：22225222

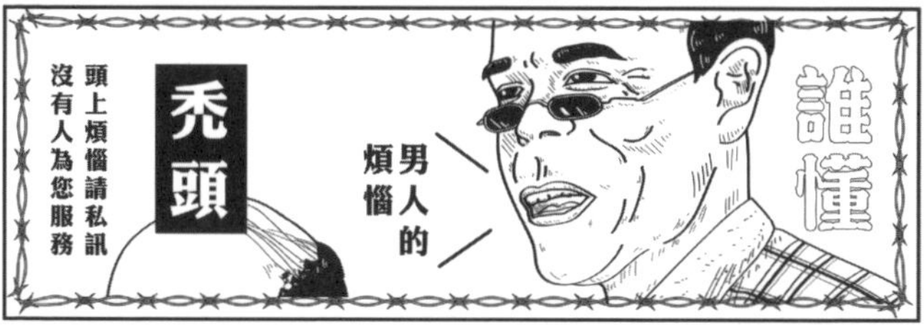
誰懂
男人的
煩惱
禿頭
頭上煩惱請私訊
沒有人為您服務

哇哇哇
!!
你可以再
靠近一點
黑頭粉刺遠離你
跟男友臉貼臉
再也不怕尷尬
來電諮詢:
520520886
粉心動快行動
粉清爽粉開心

全世界
NO.1
黑矸仔
裝豆油
無底看
料理用
好棒棒

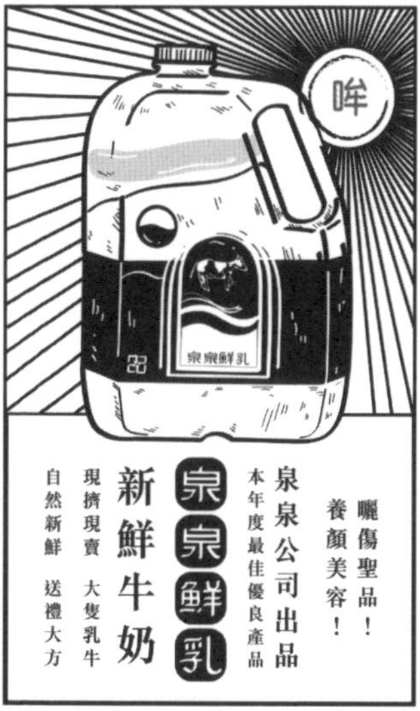
哖
泉泉鮮乳
曬傷聖品！
養顏美容！
泉泉公司出品
本年度最佳優良產品
泉泉鮮乳
新鮮牛奶
現擠現賣　大隻乳牛
自然新鮮　送禮大方

你有看過
這隻狗嗎
牠是我們的狗，長得超級可愛
如果你沒看過，現在讓你看看

醫療

●我要健康又美麗●

甜菜根
對抗貧血

貧血族聖品，甜菜根養好氣色

原理分析

甜菜根被稱為補血佳品，可以有效淨化人體和血液；而且富含維生素與鐵質，能預防貧血。

宜

交男友、保養、化妝

忌

臉色蒼白、無精打采

素材

甜菜根

步驟

將甜菜根料理成紅甜菜湯、涼拌甜菜根、大蒜胡蘿蔔甜菜根汁等菜色食用

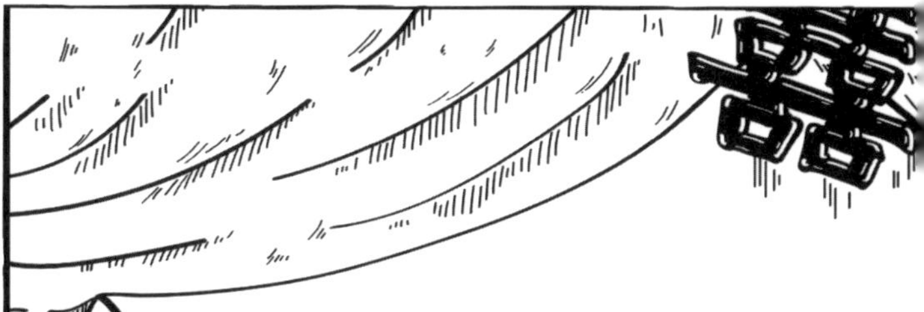

貧血中等美女為自救 意外譜出異國戀曲

長相中等、身材也平平的艾咪是一個小資女，她長期有貧血的毛病，最近她決定上網尋求改善之道，也因此結交了幾位對貧血有研究的網友。

某天，居然出現一位定居台灣的西班牙帥哥，說要帶著自家種的甜菜根來給艾咪，因為甜菜根是補血聖品，能有效對抗貧血。艾咪原本以為遇上詐騙集團，絲毫不加理會，結果他真的帶著一大袋甜菜根上台北找她，讓艾咪感動不已。

西班牙帥哥更直接向艾咪表明心意，原來自從在網路上結識後，他就對艾咪動心了。因為甜菜根的牽線，艾咪與西班牙帥哥迅速陷入愛河，最後有情人終成眷屬！

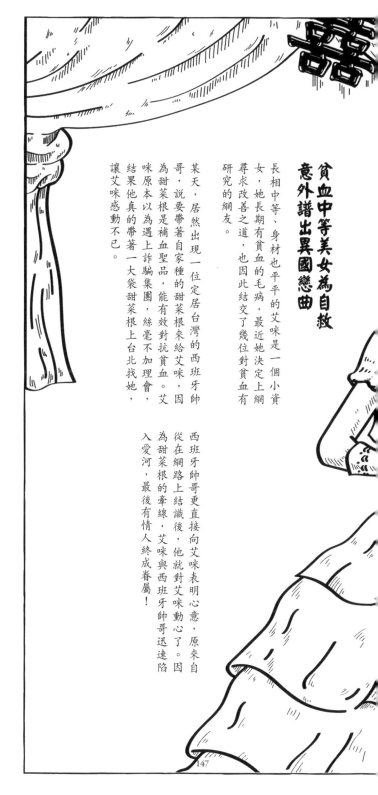

醫療

我要健康又美麗

生薑
抗暈止吐

薑片好好用，緩解暈車又健康

原理分析

薑有「嘔家聖藥」之稱，所含生薑醇與薑烯酚成分，具止吐效果，因此常被用來緩解暈車症狀。

宜	忌
郊遊、散心	肝火過旺者食用

素材

生薑

步驟

將生薑洗淨後切片食用，咀嚼出薑汁後再將渣滓吐出

國小女生易暈車，多虧老師身藏法寶

小美很容易暈車，出遠門前爸媽總是會幫她準備暈車藥，但就在戶外教學這一天，爸媽卻忘記了。小美在搖搖晃晃的遊覽車上，漸漸感到頭暈噁心。老師發現後，馬上拿出生薑遞給小美。

原來老師也容易暈車，而因為重視養生之道，都靠咀嚼生薑緩解。小美吃了生薑後，頓時覺得舒坦多了，開心地度過出遊日。回家後，小美還不忘向爸媽獻寶，說她學會了防暈新妙招。

醫療

●我要健康又美麗●

燒指甲片
煙霧阻打嗝

打嗝打不停，燒片指甲就見效

原理分析

指甲被點燃後，會產生具刺激性煙霧，鼻子吸入後易引起打噴嚏的神經反射，進而干擾引起打嗝的神經反射。

宜

休息、聊天、吃零食

忌

玩火、不專心

素材

指甲片、打火機

步驟

將剪下的指甲，以打火機點燃焚燒，直至產生煙霧後近身嗅聞

小女兒挺身救母，止嗝有成好棒棒

台北市芝山某户人家，晚餐後一如往常地在客廳看電視時，媽媽突然打起嗝來，且一發不可收拾，喝水也無法停止，讓她很不舒服。

這時平時熱衷於研究小偏方的小女兒靈機一動，她撿起爸爸剛剪下的指甲片，並點燃打火機焚燒。結果很神奇地，嗅聞了燒指甲所產生的煙霧，媽媽就不再打嗝了！

全家人都大感不可思議，也因此對妹妹另眼相看。她驕傲地說：「我在家也是有貢獻的啦！」大家還戲稱之後剪下來的指甲，都要當作寶貝一樣珍藏。

小心火燭
注意安全

步 1.2.3 驟

含砂糖治打嗝

你是否曾經連續打嗝，即使喝水、吞口水都無法立即停止呢？這時如果正在約會或有訪客，真是教人難為情。想要遏止突如其來的打嗝攻擊，不妨在舌頭上放一茶匙的砂糖，然後讓舌頭與上顎緩緩摩挲二至三分鐘，再慢慢將糖吞下。原理是顆粒狀的糖可以微微地刺激食道，幫助膈神經重整，進而停止打嗝反應。

清明節
隆重開幕
歡迎光臨
恐怖情人
—蠟像館—

喝薑湯驅風寒 不宜過量

強逼出汗也可能傷身

冬天冷氣團常接連而來，很多人因此難敵感冒的侵襲，一旦感冒，咳嗽、喉嚨痛、流鼻水甚至發燒都有可能。這時，許多人都會熬煮薑湯飲用。薑是家庭常見食材，對人體有很多好處，抗老化、消除脹氣、幫助腸胃蠕動，也有發汗散寒的功能。

但喝薑湯也必須看時機，若感冒患者大量飲用導致冒汗過多，反而會傷身。蓋被子逼汗也是一樣，若發燒應該要散熱，用棉被蓋住、

逼迫出汗，反而會讓病患更不舒服。運用日常小偏方要審慎選對時機，否則可能造成反效果呢！

吃香蕉皮降血壓？暗藏危機

誤信謠言！男子猛吃香蕉皮

新北市一名陳爸爸做完健康檢查後，發現自己是高血壓患者。但他很不喜歡吃藥，覺得會傷腎，於是自己上網搜尋該如何改善高血壓。有網友說可以吃香蕉皮，陳爸爸就開始每天吃香蕉皮，但身體狀況卻沒有好轉，反而不時感到不適。

家人得知陳爸爸大量食用香蕉皮後，都心生疑慮，也積極找資料求證，這才驚覺香蕉皮吃多了會增加腎臟負擔。陳爸爸知道自己錯

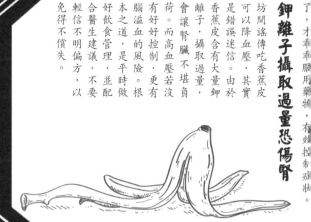

了，才乖乖服用藥物，有效控制症狀。

鉀離子攝取過量恐傷腎

坊間謠傳吃香蕉皮可以降血壓，其實是錯誤迷信。由於香蕉皮含有大量鉀離子，攝取過量，會讓腎臟不堪負荷。而高血壓若沒有好好控制，更有腦溢血的風險。根本之道，是平時做好飲食管理，並配合醫生建議，不要輕信不明偏方，以免得不償失。

髮絲綁息肉 小心後患無窮

傳統老偏方 竟可能導致蜂窩性組織炎

你曾聽過老一輩的說法，用頭髮就能去除惱人的息肉嗎？新北市新莊一位蘇奶奶即說這是傳承好幾代的古老偏方，以前只要家人長了小肉芽，長輩就會以髮絲纏繞在球狀息肉根部，過幾天息肉會因壞死而自行掉下。她屢試不爽，且很有成就感。

某次，蘇奶奶一如往常地使用這個偏方，但是沒有好好處理傷口，導致紅腫發炎，家人

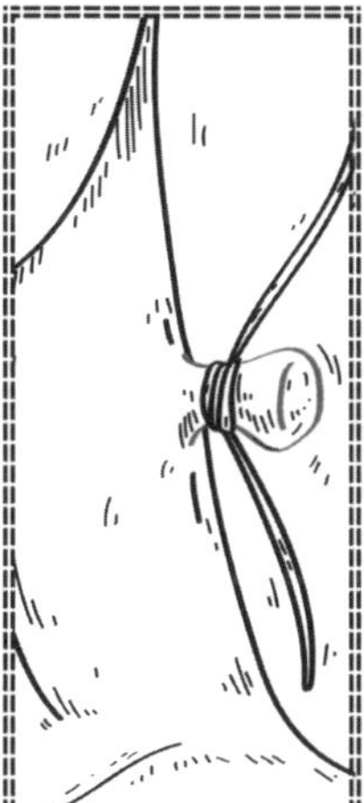

趕緊帶她到診所處理傷口。醫生說還好及時就醫，否則很可能造成蜂窩性組織炎。家人聽了都嚇壞了。

自行去除息肉，因缺少專業器材，以及消毒乾淨的環境，有感染的可能，若造成外傷，還容易留下疤痕。過敏性皮膚與太大的肉芽尤應避免這樣的處理方式。最好求助皮膚科醫生，用液態氮將肉芽組織凍死，使自然脫落，相對安全、安心。

醫療

●我要健康又美麗●

茶樹精油
鎮靜消炎

茶樹精油，消炎治痘很給力

原理分析

茶樹精油是茶樹的萃取物，能消炎抗菌、抑制油脂分泌；蘆薈也有退紅與鎮靜消炎的功效。

宜

把妹、放電、升遷

忌

直接塗抹高濃度精油

素材

蘆薈膠、茶樹精油、攪拌棒

步驟

將蘆薈膠擠入容器中，加入幾滴茶樹精油，攪拌均勻後，塗抹在患部

媽媽姊姊好焦急
搶救吳仁耀幸福大作戰

吳仁耀先生是年薪五百萬的電腦工程師，目前任職於新竹科學園區的知名上市公司，高學歷高收入又孝順。雖然事業屢攀高峰，但是年過三十五的他卻遲遲沒有交女朋友，讓媽媽與姊姊非常緊張，甚至開始懷疑他是不是喜歡男生。

媽媽與姊姊最終的結論是，仁耀常常超時工作，長期過勞之下，他的臉上滿山滿谷都是痘痘，而且又忍不住亂擠，留下不少痘疤，難怪沒有女生想靠近。

媽媽與姊姊決定搶救仁耀的幸福，用盡各種方式幫他消滅痘痘。最後，終於靠著蘆薈膠與茶樹精油有效抑制猖狂的痘痘。仁耀臉上的痘痘愈來愈少，看起來也愈來愈帥，他終於成功變成有人要了！

茶樹精油能有效治痘？

青春期的少男少女們，常因為荷爾蒙分泌旺盛，臉上油脂過多而冒痘痘。而青春痘的膚質很容易敏感，不宜使用成分複雜的保養品，植物性等天然成分相對安全，像茶樹精油就能消炎消痘、抑制油脂分泌。但是使用時不能直接塗抹在臉上，可以以蘆薈膠為基底，滴入幾滴茶樹精油，攪拌均勻後再塗抹在痘痘上。另外蘆薈也有退紅與鎮靜消炎的效果，搭配茶樹精油使用，去痘效果加乘。

台灣大戲院
男主角
鵬於驗
女主角
鍋彩截
男配角
珠割亮
霹藝方
銷大路
徐哼
流以豪
琴輪
女配角
官汁淋
王滿交
王組餔
正佩配
霹清俠
錯綜複雜
情侶關係
月來月礙你
看今夏最in
大姨媽電影
超級好看
大咖藝人
輪流上陣
精雕細琢
必受歡迎
影史以來
唯我獨尊
空前絕後
領銜主演

美容聖品

頭髮隨你剪
神難用剪刀
真的難用
售出不退換
售出不退換
售出不退換
NT $99元

誠徵
善良
護士小姐
長得善良
心地美麗
喜歡照顧人專線
024894520

阿嬤的祕密
回春診所
永保青春好簡單
青春一去會復返
讓你美麗又回春

醫療

●我要健康又美麗●

酪梨
可滋潤皮膚

自製水果面膜，讓你青春水噹噹

原理分析

酪梨含有豐富的不飽和脂肪，可滋潤皮膚，還可幫助傷口癒合，增強免疫力，讓皮膚保持健康，容光煥發。

宜

告白、拒絕爛桃花

忌

敏感性肌膚者使用

素材

酪梨、蜂蜜

步驟

酪梨洗淨後切薄片，加幾匙蜂蜜，一起敷在臉上

水果面膜作法大公開
小麻雀也能變鳳凰！

從小女孩變成小女人的過程，總希望自己能光鮮亮麗，因此各種保養方式、化妝手法、打扮風格都想嘗試。台北市一名私立高職的呂姓少女，平凡無奇、沒沒無聞，某次她陰錯陽差當著全班的面，向心儀的男生告白，卻被狠狠地拒絕了。她羞愧不已，決定化悲憤為力量，發誓一定要變成全校最漂亮的女生，讓那個男生後悔。

她開始勤保養，並學習化妝，最重要的是她看了美妝節目「女孩我最辣」，提到酪梨面膜可以保濕滋潤肌膚，她身體力行後果然效果倍增。不久，成功變身後的她，躍居全校風雲人

物，還登上了高校雜誌。重拾自信的她，這才明白要愛自己才能被愛，她也因此遠離那些只看外表的臭男生，更加珍惜身邊真心相待的朋友。

醫療

●我要健康又美麗●

山藥促進
荷爾蒙合成

山藥造山有功，傲人雙峰不是夢

原理分析

山藥富含雌激素前驅物，可刺激體內雌激素的合成，進而增進女性第二性徵的表現，達到豐胸的效果。

宜

豐胸、減肥、調理脾胃

忌

食用過量

素材

山藥

步驟

將山藥洗淨削皮後切絲，搭配清爽的水果與醬料，涼拌食用

電競主播火辣照，竟藏不為人知內幕

網紅陳小築除了是電競實況主播，也常代言商品、撰寫業配文。她和粉絲的互動熱絡，經常分享自己的生活與保養方式，還會跟粉絲吃飯出遊同樂，展現十足的親和力。

身材火辣的她，更不時上傳自己的清涼照，許多粉絲都很羨慕她擁有傲人的雙峰跟水蛇腰。她透露平時都是靠山藥料理來豐胸，還特別直播料理過程，包括將山藥切絲涼拌，搭配清爽醬料，或是熬煮山藥排骨湯。小築不吝分享個人瘦身豐胸保養祕訣，難怪可以獲得無數鐵粉的支持！

直播 587

醫療

●我要健康又美麗●

兒茶素
提高代謝率

兒茶素軍團，擊退肥胖小惡魔

原理分析

綠茶所富含的兒茶素，能提升身體基礎代謝率，幫助熱量消耗和脂肪分解，達到體重控制與降低體脂的目的。

宜

瘦身減脂、逛便利商店

忌

空腹飲用、孕婦飲用

素材

綠茶茶葉、熱水

步驟

略微清洗綠茶茶葉後，直接沖泡飲用

勇奪台灣小姐后冠
智靈妹妹大方分享瘦身祕訣

在一個純樸的村莊裡，住著一個不平凡的女子：林智靈。林智靈是全村莊最美麗的女孩，十五歲時即曾被經紀人看上，但她不因自己外表出眾而放棄精進學業。她努力爭取獎學金，出國留學，持續不斷地充實自己。學成歸國後，在工作上積極表現，還投入台灣小姐選美比賽，最後不負眾望勇奪后冠。

在記者會上，媒體爭相採訪，想知道她保持身材的祕訣。林智靈也大方透露個人美容小偏方：只要不時喝點綠茶，就能輕易做到。原來是這麼簡單的方法！記者朋友除了恭喜智靈妹妹獲得台灣小姐的榮銜，也祝福她感情生活幸福美滿！

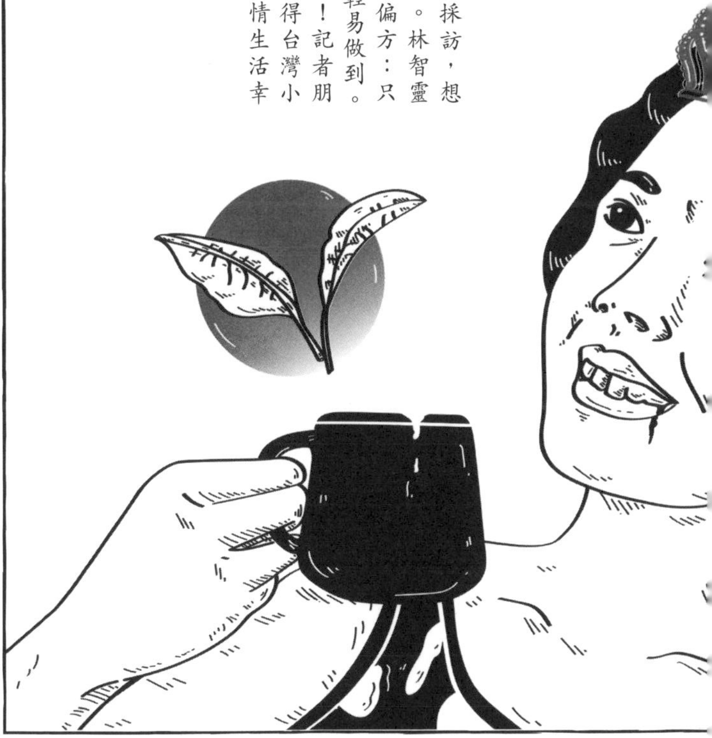

凡士林去粉刺 油上加油讓人愁

網紅妙招，網友直呼超雷！

最近網路瘋傳一段用凡士林去除黑頭粉刺的影片，點閱率竟突破千萬。拍攝影片的是一對情侶。影片中女友將凡士林敷在男友茂密的粉刺上，再將保鮮膜伏貼在厚敷凡士林的部位，等待三十分鐘後取下保鮮膜，擦去凡士林，最後只用兩支棉花棒，竟然就慢慢將粉刺推出來了！

但近期卻被爆料，原來影片中的女友是知名美妝網紅，且經網友實測後直呼這作法超雷，

迷信糾察隊

除粉刺不成還弄得一鼻子油。專業醫師也提醒，因凡士林屬於油脂性，敷在臉上恐怕容易因過油而激發更難纏的粉刺和痘痘！被踢爆影片不實的美妝網紅，也因被網友批評攻擊而緊急下架影片。

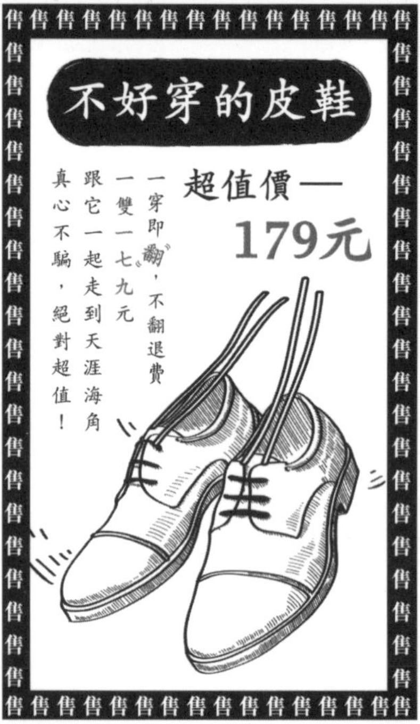
售
不好穿的皮鞋
超值價——
179元
一穿即翻，不翻退費
一雙一七九元
跟它一起走到天涯海角
真心不騙，絕對超值！

節約用水
一起節約用水保護生態環境

螞蟻崛起
四屆蟻后
美美蟻
兩屆蟻王
率率蟻
領銜主演
導演
紅馬蟻
爬滿你的家
亞洲第一好片
入戲院來看
我告訴你
這是誰的地盤

不自在
衛生棉
優惠訂購專線
0800-995995
救救我救救我

國貨
優良出品
愛國牌除毛刀
愈刮愈長迷死人
讓你不再毛骨悚然

家庭主婦都大力推薦的裝飾牌，這生必買！
裝飾牌三大優點：
㈠、冬冷夏熱
㈡、超耗電
㈢、價格不便宜
安裝要錢！
保固一天！
裝飾牌
售價：168888 讓你一路發
裝飾牌冷氣機

可沿虛線剪下，貼冰箱、貼案頭、更貼近你心！

去你的水腫！

無論男女老少，都希望自己能擁有完美精實的身材，但是如果睡眠品質不佳，或是睡前喝太多水，容易造成浮腫，即使實際體重沒變，看起來卻像麵龜一樣。

想要對抗水腫，可以試著早上煮一鍋玉米冬瓜湯來喝，冬瓜和玉米都有去脂肪、消水腫的作用喲！

橄欖油輕鬆護髮

先將橄欖油滴於掌心並均勻塗抹於髮尾，再用保鮮膜把頭髮包起來，靜候十分鐘左右，橄欖油便會神奇地吸收進頭髮裡，達到保養髮絲的功效。此原理是因橄欖油富含維生素A、D、E、K及角鯊烯等脂溶性維生素，而角鯊烯更是具有抗氧化效用的活性物質，能達到修護髮質的效果。

可沿虛線剪下，貼冰箱、貼案頭、更貼近你心！

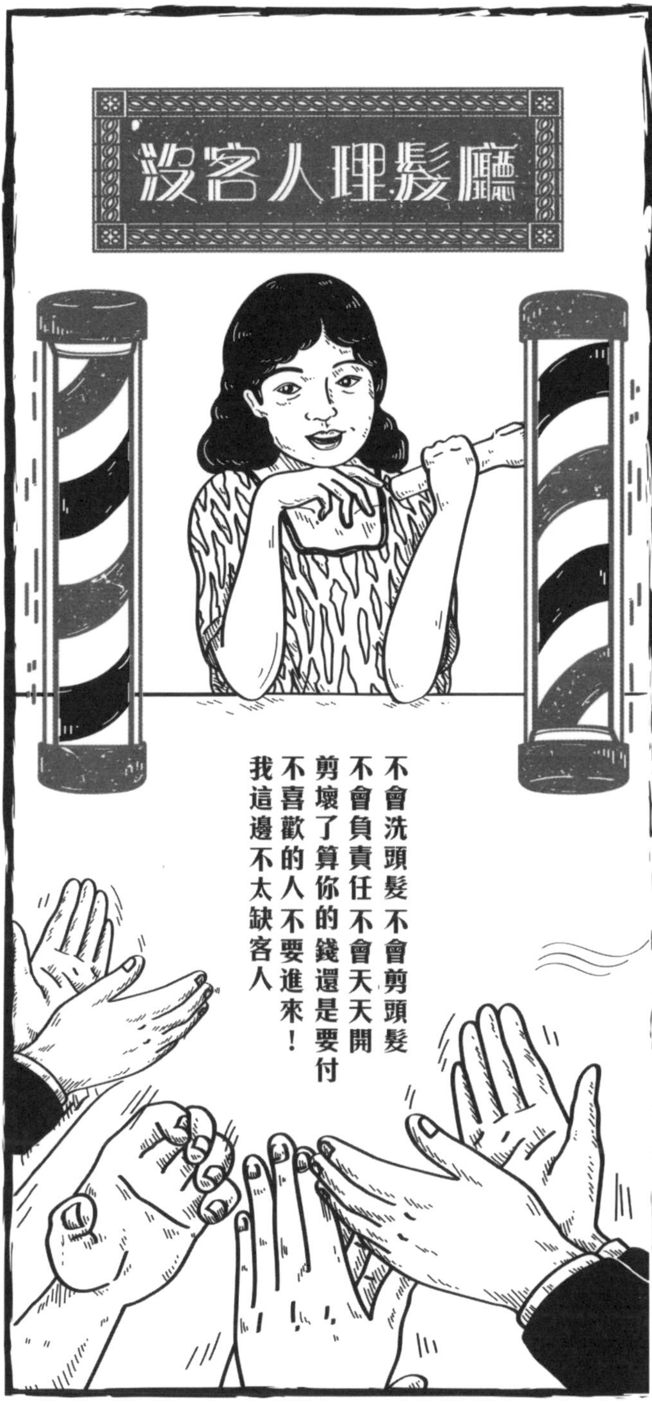
沒客人理髮廳
不會洗頭髮不會剪頭髮
不會負責任不會天天開
剪壞了算你的錢還是要付
不喜歡的人不要進來！
我這邊不太缺客人

醫療

我要健康又美麗

海帶
讓頭髮亮麗

營養海帶，吃出一頭亮麗髮絲

原理分析

海帶富含碘，碘可刺激甲狀腺分泌甲狀腺素，而頭髮光澤即是由甲狀腺素發揮作用所形成。

宜	忌
放電、甩髮、熱舞	吃海帶後馬上喝茶

素材

海帶

步驟

海帶水煮三分鐘後，以冷水浸泡約三小時，再清洗雜質，切絲或條狀料理

日本新節目：「連你老師都不知道的事」

最近日本有一個節目非常火紅，叫作「連你老師都不知道的事」，以機智問答的方式，考驗現場來賓的生活知識，以及臨場反應。如果答錯了，參賽者就會掉入機關陷阱，現場氣氛緊張刺激。

其中一則題目是：「請問下列哪些食物可以讓頭髮烏黑亮麗？一是芝麻，二是海帶，三是核桃，四是以上皆是。」多數人第一時間反應是芝麻，結果答案是以上皆是。掉入機關陷阱的來賓都懊惱得直跺腳，也才驚知原來護髮好物這麼多。該節目後來又推出一系列機智問答遊戲，瞬間爆紅，收視率屢創新高，甚至在亞洲各國都受到熱烈討論呢。

醫療

●我要健康又美麗●

芝麻葉
對治枯髮

天然的上好，芝麻葉護髮好滋潤

原理分析

芝麻葉水煮後會產生黏稠汁液，具食療保健作用，尤其針對枯髮或是病後脫髮有幫助。

宜

認識異性、約會、兜風

忌

浪費食材、偷懶不洗頭

素材

芝麻葉

步驟

將芝麻葉用水煎煮後，濾出汁液倒入瓶子，每日或隔日用來洗頭潤絲

跟上草本風潮 老派理髮院成功轉型

雲林縣斗六市有一家「豪自然理髮院」，專門為男士理髮美容，專業技術跟服務態度深受顧客喜愛。

而且店內所使用的洗髮、潤髮與染髮用品，都是採全天然的獨家配方自製而成。洗髮用洗

米水，環保又健康；染劑取自草本植物，顏色自然有光澤感；連潤髮也是採摘自家庭院種植的芝麻葉。首度上門的顧客都十分詫異。

透過口耳相傳，豪自然理髮院因此從老派的傳統理髮院轉型成功，更多了許多文藝青年消費客群，生意蒸蒸日上，最近還有同業想加盟，計畫在台北開店！

醫療

●我要健康又美麗●

黑豆有助
頭髮烏黑

超級黑豆，頭毛烏黑濃密又抗老

原理分析

黑豆富含維生素B群與維生素E，是養顏美容需要的營養；也含有大量的泛酸，對保持頭髮烏黑很有益。

宜

換造型、招桃花

忌

腎病嚴重者大量食用

素材

黑豆、炒鍋、熱水

步驟

將黑豆水洗後瀝乾，用平底鍋乾炒至豆皮裂開，即可用熱水沖泡飲用

林記熱銷黑豆新產品
養生派婆婆媽媽超瘋狂

林記醬油是台灣一流的傳統釀造醬油工廠，許多飯店、餐廳與夜市小販都很喜歡使用他們家的醬油，用料實在又純天然製作，價格也很合理。近期林記推出一系列新產品，直接販售釀造醬油時所用的黑豆，並研發二十多種口味，以吸引不同的消費族群，重視健康養生的婆婆媽媽尤其成為主要的對象。

林記創辦人林大樹先生接受雜誌專訪時表示，林記種植黑豆是使用有機肥料，全天候專人照料，就像照顧自己的孩子一樣。他們投入大量資金與人力，只為了保持穩定優良

的品質，這也讓許多消費者一試成主顧。

黑豆不但可以預防許多疾病，對於頂上毛髮也很有幫助，能減少掉髮、保持烏黑，不少屆臨更年期的民眾吃了都說有效。果真一分錢一分貨，實實在在的商品就能留住顧客的心。

大夫掛保證

鈞賀診所院長
鄭鈞云醫師

黑豆有助長保頭髮烏黑？

許多人都為了頭髮保養而煩惱，其實讓頭髮烏黑亮麗很簡單。頭髮本身是蛋白質所組成的，只要攝取一些優質的蛋白質，例如黑豆就是很棒的天然食材，能夠使頭髮不易斷裂，也能減少白髮的生成。不過要注意的是，容易脹氣或胃潰瘍的人不宜多吃，因豆類較不容易消化。

哈

•小明笑話集•

薑片避孕藥 煩惱絲好煩惱

誤信不實偏方，小心抱憾終生

十個禿頭九個富，這句話真讓人又愛又恨。當一個禿頭的「好野人」，想必許多男性是千百個不願意的。三千髮絲真是讓人煩惱，坊間與網路上流傳許多生髮的偏方妙招，最廣為人知的莫過於以生薑抹頭皮了。但這麼做其實會造成反效果。

有實驗報告指出，生薑不但不能幫助生髮，生薑萃取物反而會抑制毛囊生長，並延長毛髮休止期。而隨意在頭皮塗抹東西，也可能造成刺激，引發過敏。

想成功治禿要對症下藥！

除了生薑，以避孕藥治療禿頭也時有耳聞。避孕藥是一種女性荷爾蒙，並不能用來治療雄性禿頭，且避孕藥是口服藥物，磨成粉狀加在洗髮精中使用，頭皮不僅無法吸收，還可能刺激頭皮，造成接觸性皮膚炎。

皮膚科醫生曾指出，造成禿髮的因素有幾十種，其中雄性禿是最常見的。而女性荷爾蒙並不具備治療雄性禿的效果，應該找明原因後對症下藥，才是根本之道。

關於我們

莊淳安

（版面設計）

一九九四年生．輔仁大學應用美術系畢業

高中開始接觸設計，復興商工畢業後，花一年時間學軟體工程，之後進入輔大應美系。很慶幸那一年的脱離，讓我更確定自己的興趣。更幸運的是，在設計人最痛恨的畢業製作階段，遇到很棒的指導老師，還做到很喜歡的題目。

畢業製作考驗的是對設計的熱情，雖然過程很難熬，但因為《鄉民曆》裡有很多神奇好玩的偏方，增添了許多歡笑。主要負責版面設計工作，也因此接觸了不同年代的圖像與設計風格，這些都很想跟大家分享。興趣與工作結合是最棒的事，《鄉民曆》達成了自己的小小目標，它更是設計志業的一個起點。

林子立

（文字撰寫）

一九九五年生．輔仁大學應用美術系畢業

從小喜歡畫圖唱歌，如願進入輔大應美系後，了解學設計的人需要比一般人更細膩的觀察能力，以及更多技能的反覆琢磨，而手繪基本功與設計軟體的運用，更是不可少的練習。一同參與《鄉民曆》的專題製作，與夥伴們嘗試以不同角度切入主題，不斷發想更新穎的呈現方式。由於主要負責文字撰寫，也才慢慢發現自己對於寫作的喜愛，同時知道自己是以文字思考的類型，希望能夠繼續往相關的行業發展。

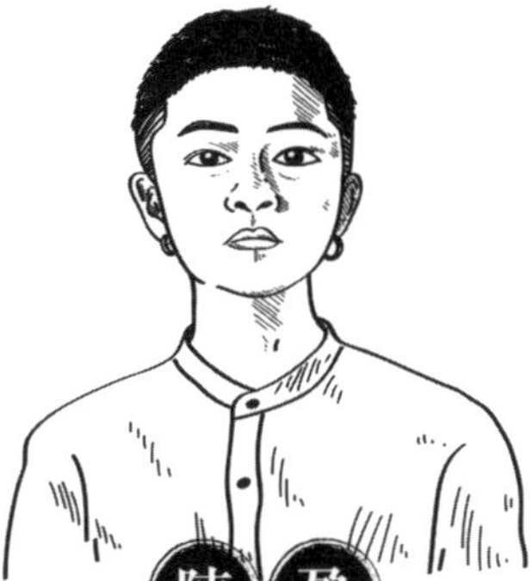

陳盈

（插畫繪製）

一九九四年生．輔仁大學應用美術系畢業

從小就發現自己很喜歡畫畫，在連自己名字都還寫不好的年紀，就開始畫小丸子了。學科一直普普通通的我，卻在美術方面別有成就，所以選擇就讀高職美工科。這才發現原來學習不是一件無聊的事，以前一天到晚背書，但在美工科可以盡情發揮創意，還接觸到各種工藝。也因此，大學選擇念應美系視覺傳達組。

為了增進繪畫能力，開始留意色彩和光影，觀察周遭各色各樣的人，作為創作的靈感。有天，阿嬤說她的脖子長了顆息肉，叫我拔她一根頭髮來綁住，說這是老方法了。我半信半疑地照做，沒想到幾天後息肉完全掉落了。我對這件事印象深刻，覺得真是有趣的畫面，更沒想到的是，這成了《鄉民曆》的由來，負責繪製圖像的我，竟有機會把它畫進書裡。

蔡采媛

（資料彙整）

一九九四年生．輔仁大學應用美術系畢業

我從小不太會畫畫，甚至能把公主畫成恐龍。但在家人基於現實考量的建議下，進入復興商工美工科，並選擇了媒體傳達設計組，隨即發現自己很喜歡做設計，且想要透過自己一點點影響力，改變這個社會的美感。很幸運地，在輔大應美系，遇到的老師賦予我們很多發揮空間。

當夥伴提起要做偏方主題時，感到十分有趣，從小外婆也常告訴我一些生活偏方。在多方蒐集研究，以及與多位醫師聯繫請教的過程中，發現了很多教人驚奇的小方法，遇到困難時，常想親身試驗。《鄉民曆》不僅僅是一本書，希望它能夠實質地幫助大家。最後要感謝鄭司維老師，以及一起努力完成這部作品的夥伴們。

鄉民曆

Taiwan Style L0387

鄉民曆：國民必備偏方指南 老派摩登版

作　者｜莊淳安、陳盈、蔡采媛、林子立

編輯製作｜台灣館
總　編　輯｜黃靜宜
執行主編｜蔡昀臻
行銷企劃｜沈嘉悅

發　行　人｜王榮文
出版發行｜遠流出版事業股份有限公司
地址：台北市104 中山北路一段11號13樓
電話：（02）2571-0297
傳真：（02）2571-0197
郵政劃撥：0189456-1
著作權顧問｜蕭雄淋律師
2024年4月1日　新版一刷
定價500元

Printed in Taiwan
ISBN 978-626-361-564-9
YL 遠流博識網
http://www.ylib.com
E-mail: ylib@ylib.com

國家圖書館出版品預行編目（CIP）資料

鄉民曆 : 國民必備偏方指南 / 莊淳安 , 陳盈 , 蔡采媛 , 林子立著 .
-- 二版 . -- 臺北市 : 遠流出版事業股份有限公司 , 2024.04
　面；　公分 . -- (Taiwan style ; 87)
ISBN 978-626-361-564-9 (平裝)
1.CST: 保健常識 2.CST: 偏方 3.CST: 手冊
429.026　　113003007